Erkenne dein Pferd

in den 5 Elementen

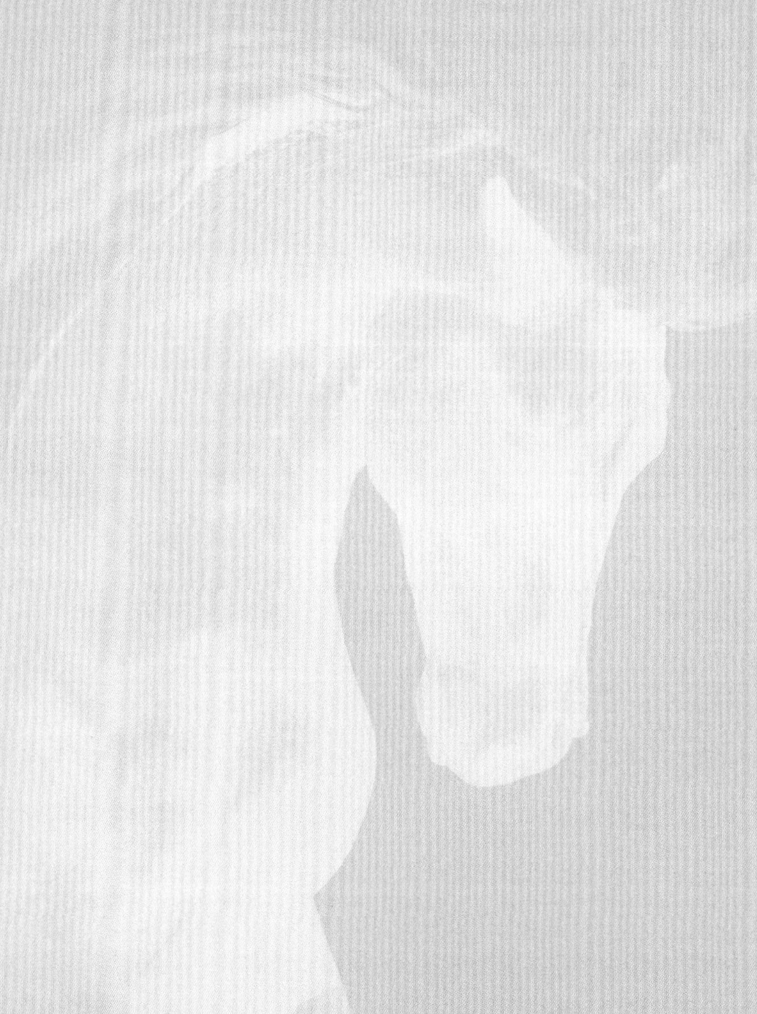

DR. CHRISTINA FRITZ

Erkenne dein Pferd
in den 5 Elementen

CRYSTAL

Haftungsausschluss

Autorin und Verlag haben den Inhalt dieses Buches mit großer Sorgfalt und nach bestem Wissen und Gewissen zusammengestellt. Für eventuelle Schäden an Mensch und Tier, die als Folge von Handlungen und/oder gefassten Beschlüssen aufgrund der gegebenen Informationen entstehen, kann dennoch keine Haftung übernommen werden.

Gestaltung und Satz: jb:design, Johanna Böhm, Dassendorf
Titelfoto: Christiane Slawik
Fotos: Daniela Bolze, Lisa Kittler, Christiane Slawik
Illustrationen: Susanne Retsch-Amschler, Johanna Böhm
Lektorat: Martina Kiss
Druck: Offsetdruck Lehmann, Norderstedt

Deutsche Nationalbibliothek – CIP-Einheitsaufnahme
Die Deutsche Nationalbibliothek verzeichnet diese Publikation in der Deutschen Nationalbibliografie; detaillierte bibliografische Daten sind im Internet über http://dnb.ddb.de abrufbar.

Printed in Germany
ISBN: 978-3-95847-018-7

Inhalt

(Foto: Christiane Slawik)

„Je stiller man ist, desto mehr kann man hören."

(Chinesisches Sprichwort)

(Foto: Christiane Slawik)

Vorwort

In meiner Praxis passiert es mir immer wieder, dass ich wunderbare Pferde kennenlerne, die ebenso wunderbare Besitzer haben – nur passen beide leider überhaupt nicht zusammen. Da bringt das Feuer-Pferd den Metall-Besitzer schier um den Verstand und der Wasser-Reiter geht seinem Holz-Pferd mit seiner ewigen Ängstlichkeit gründlich auf die Nerven. Meist ist zu diesem Zeitpunkt schon viel Geld in diverse Trainings, Ausbildungen und Spezialtherapien geflossen und alle Beteiligten sind mit Geld und Nerven am Ende.

Dabei gehen wir meist davon aus, dass im Wesentlichen die Rasse den Charakter eines Pferdes beeinflusst, und wenn man nur die richtige Sorte Pferd kauft, am besten noch mit dem passenden Abstammungspapier, dann wird der Rest schon passen. Aber nicht jeder Kaltblüter ist gemütlich, nicht jedes Warmblut ein geborenes Sportpferd, und der auf dem Papier perfekte zukünftige Reining Champion kann sich als verfressene, faule Socke entpuppen.

Betrachtet man sein Pferd aber aus der Perspektive der 5 Elemente, dann werden plötzlich viele Verhaltensweisen sowohl aufseiten des Pferdes als auch des Reiters sonnenklar. Man versteht auf einmal, warum die Reitbeteiligung, die doch eigentlich gar nicht viel Ahnung vom Reiten hat, mit dem Holz-Pferd im Gelände viel besser zurechtkommt als der Besitzer, der doch schließlich weiß, wie es zu laufen hat! Und dass das Erde-Pferd sofort in den Hänger steigen wird, wenn am Ende ein Futtereimer lockt.

Sein Pferd in den 5 Elementen zu erkennen heißt auch, es entsprechend seinem Grundwesen besser zu verstehen und seine „Marotten" neu zu interpretieren. Denn mit diesem Wissen wird klarer, dass viele Verhaltensweisen der Pferde gar nicht so viel mit „Dominanzgehabe" oder „Der verarscht dich doch nur!" zu tun haben, über die man „drüber wegreiten" muss. Vielmehr gilt es, jedes Pferd – so wie jeden Reiter – entsprechend seines Typs richtig zu nehmen und ihm den passenden Weg zu zeigen – für ein harmonisches Miteinander.

Ihre Christina Fritz

Wenn man weiß, welchen Charakter das eigene Pferd hat, kann man es auch richtig fördern und kann sich über die gemeinsame Zeit freuen.
(Foto: Christiane Slawik)

Einleitung

Immer mehr Menschen erfüllen sich den Kindheitstraum vom eigenen Pferd. Ob mit allerbester Abstammung für teures Geld beim renommierten Händler gekauft, ob aus Liebe das Reitschul- oder Reitbeteiligungspferd übernommen, bevor es an den Händler und vielleicht zum Metzger geht, oder Liebe auf den ersten Blick in einer Internetanzeige – am Ende hat man sein Traumpferd im Stall stehen. Und dann fangen viele Probleme erst an. Neben den üblichen Fragen wie „Passt mein Sattel überhaupt?" oder „Wer kennt einen guten Hufschmied?" kommen häufig charakterliche Eigenschaften zutage, die man beim Probereiten vielleicht gar nicht wahrgenommen hat. Auch wenn man ein Pferd schon länger kennt, kann ein Wechsel des Besitzers, der Umgebung oder der Aufgaben dazu führen, dass wir unseren Partner plötzlich nicht wiedererkennen. Aus dem Turnierkracher, der immer unter Strom stand, wird ein entspannter Ausreitkumpel. Oder das träge ehemalige Reitschulpferd dreht richtig auf, wenn es nicht mehr täglich fünf Stunden unter wechselnden Reitern geht.

Es ist nicht immer einfach, mit den charakterlichen Eigenheiten seines Pferdes umzugehen. Bin ich selbst eher ein nüchterner und kontrollierter Typ, dann kann mich das hysterische „Hochdrehen" eines Arabers ebenso wahnsinnig machen wie ein Pferd, das dauernd ängstlich vor allem zurückscheut. Und wenn ich ein eher ängstlicher Reiter bin, will ich doch ein ruhiges Verlasspferd und keines, dass sofort begeistert über jedes Hindernis springt, das jemand auf dem Platz stehen gelassen hat. Aus dieser Not heraus hat sich mittlerweile eine ganze Industrie an Trainingsmethoden entwickelt, die mit unterschiedlichen Mitteln versuchen, Pferd und Reiter einander näherzubringen. Mit verschiedenen Konditionierungsmethoden wird daran gearbeitet, dem Pferd gewisse „Angewohnheiten" auszutreiben, damit es „funktioniert". Sehr oft muss sich dabei das Pferd den Wünschen des Reiters anpassen, nicht umgekehrt. Dabei kann man den Grundcharakter eines Pferdes nicht verändern, ebenso wenig wie den eines Menschen. Es ist vielmehr wichtig zu verstehen, warum ein Pferd so „tickt", und dieses Temperament dann in die richtigen Bahnen zu lenken.

Um Grundcharaktere und die Reaktionen eines Pferdes besser verstehen zu können, hilft uns die Chinesische Medizin. Es ist eine energetische Medizinlehre, die sich mit den Energieflüssen in den Leitbahnen (Meridianen) des

Körpers beschäftigt und mit den Problemen, die aus Ungleichgewichten in diesem Meridiansystem entstehen können. Das System der Chinesischen Medizin, aus der die Grundprinzipien abgeleitet wurden, beruht auf jahrtausendelanger Beobachtung von Menschen und Tieren.

Viele kennen das Prinzip von Yin und Yang: die Gegensätze wie Tag und Nacht, Licht und Schatten, die aber immer zusammengehören, denn nur wenn es Licht gibt, dann entsteht auch Schatten. Yin und Yang sind zwar Gegensätze, aber sie bedingen sich gegenseitig. Der eine kann nicht ohne den anderen sein.

Die Einheit von Yin und Yang wird durch den perfekten Kreis beschrieben, der von dunkel (Yin) und hell (Yang) in gleichem Maß gebildet wird. Der jeweilige Punkt in der anderen Farbe deutet an, dass im Yin auch immer Yang zu finden ist – im Yang auch immer Yin seine Wurzel hat.
(Zeichnung: kuklos/www.fotolia.com)

Hat ein geerdeter Reiter ein ängstliches Pferd unter dem Sattel, wird die Gefahr, dass das Tier scheut, überschaubar, weil der Reiter dem Pferd Sicherheit gibt.
(Foto: Christiane Slawik)

TV™

Pferde durchschauen ihre Reiter meist viel schneller als Reiter ihre Pferde.

(Foto: Christiane Slawik)

Einführung
in die Welt der 5 Elemente

Chinesische Medizin

Die Chinesische Medizin ist eine jahrtausendealte Erfahrungsmedizin. Bereits im zweiten Jahrhundert vor Christus entstand das erste schriftliche Werk, dem viele weitere Bücher folgten. Die Chinesische Volksrepublik wollte diesen Erfahrungsschatz in den 1960er-Jahren modernisieren. Eine Kommission filterte das gesammelte Wissen, um es in Einklang mit der westlichen Wissenschaft zu bringen. Das daraus entstandene Produkt wird seitdem unter dem Begriff „Traditionelle Chinesische Medizin" (TCM) weltweit gelehrt. In diesem Buch verwenden wir den Begriff Chinesische Medizin, da das Wissen um die 5 Elemente viel umfangreicher ist und weiter zurückreicht als die TCM.

Weniger bekannt als Yin und Yang ist das System der 5 Elemente. In der Chinesischen Medizin wird alles diesen 5 Elementen zugeordnet, die auch als Wandlungsphasen bezeichnet werden. Daher finden wir sie nicht nur in der Medizin wieder, wo beispielsweise Erkältungen häufig klassische „Wind-Erkrankungen" sind, die dem Element Holz zugeordnet sind und damit dem Organ Leber. So wird dann auch in der klassischen Akupunktur nicht nach Symptomen gearbeitet, sondern danach, welches der 5 Elemente aus dem Gleichgewicht geraten ist und wieder balanciert werden muss.

Elemente

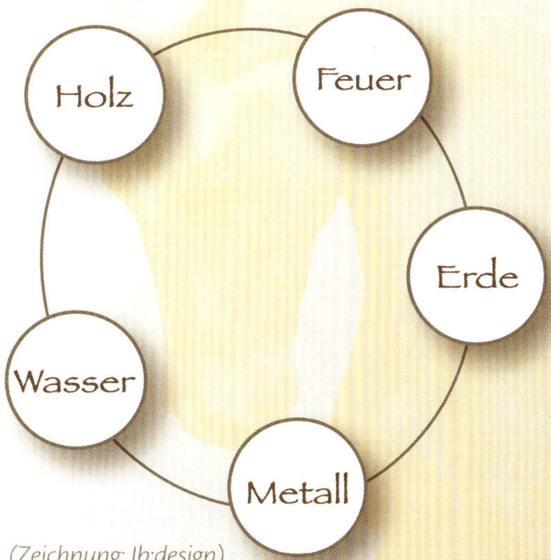

(Zeichnung: Jb:design)

Auch in der Ernährungslehre werden die 5 Elemente miteinbezogen. Die Diätetik spielt eine große Rolle in der Chinesischen Medizin, und je nachdem, welches Element gestärkt oder auch geschwächt werden soll, verschreibt einem der Arzt unterschiedliche Lebensmittel oder Zubereitungen. Dieser Teil ist in der Therapie beim Pferd kaum abzubilden, da die natürliche Ernährung des Pferdes aus rohfaserreichem Gras und Heu Variationen kaum erlaubt. Aber die Phytotherapie der Chinesischen Medizin zielt genau in diese Richtung, denn hier wird weniger mit Wirkstoffkomponenten gearbeitet – im Gegensatz zur klassischen Kräuterkunde bei uns –, sondern der Schwerpunkt liegt auf den energetischen Eigenschaften der einzelnen Kräuter. Daher hat die Phytotherapie in der Chinesischen Medizin für Pferde durchaus ihren Raum und kann unterstützend eingesetzt werden, beispielsweise zur Akupunktur. Selbst in der Gestaltung der Wohnräume werden die einzelnen Bereiche den 5 Elementen zugeordnet, was erklärt, warum dann an dieser Stelle im Raum unbedingt ein Brunnen stehen muss oder warum der Herd in jenem Raum auf keinen Fall installiert werden darf.

Die 5 Elemente sind damit ein Grundsystem, das sich durch das ganze tägliche Leben zieht. Vom Lebensalter bis zu den Jahreszeiten, von den Himmelsrichtungen bis zu den inneren Organen findet man immer wieder die Zuordnung zu einem der Elemente. Jedes Element steht dabei für verschiedene Grundprinzipien und Charakterzüge. Vergleichbar mit unseren Sternzeichen wird jedes Lebewesen in einer bestimmten Elementekonstellation geboren. Das oder die Grundelemente bestimmen dann vielfach nicht nur den Grundcharakter, sondern auch Schwächen und Anfälligkeiten für Krankheiten, aber auch Stärken und Talente. Hat man ein Pferd, das im Grundtyp Holz ist, und das trifft zusammen mit dem Lebensalter Holz und derselben Jahreszeit, summieren sich die Eigenschaften dieses Elements, was zu Ungleichgewichten führen kann. Verhaltensprobleme ebenso wie körperliche Erkrankungen können die Folge sein.

Das Verständnis um die 5 Elemente der Chinesischen Medizin hilft einem Pferdebesitzer, sowohl Verhalten als auch Stärken und Schwächen seines Pferdes besser einzuordnen. Das kann allen Beteiligten viel Frust und hohe Kosten für Tierarzt und „Spezialtrainings“ sparen, wenn man versteht, warum ein Pferd nun mal so und nicht anders ist. Insbesondere der Zusammenhang zwischen Emotionen und Krankheiten wird in der westlichen Medizin eher stiefmütterlich behandelt und noch heute ist der Begriff „psychosomatische Erkrankung“ in der Humanmedizin stigmatisiert. In der Veterinärmedizin wird den Tieren teilweise abgesprochen, überhaupt zu komplexen Emotionen fähig zu sein, und sie werden überhaupt nicht in Diagnosen zur Krankheitsentstehung einbezogen. Dabei weiß jeder Pferdebesitzer, dass auch Tiere die ganze Bandbreite von Emotionen zeigen können – von Freude über Zorn bis Trauer.

So konnte nachgewiesen werden, dass beispielsweise Stress bei Pferden zu organischen Krankheiten wie Magengeschwüren führen kann. Nach der Chinesischen Medizin ist der Magen verantwortlich dafür, Erfahrungen „zu verdauen“. Eine Überlastung führt somit logischerweise zu einer Störung des Magens auf allen Ebenen von körperlich bis psychisch. Emotionen werden nach der Chinesischen Medizin vor allem von der Leber verarbeitet. Ein Übermaß an erfahrenen Emotionen würde vom Pferd normalerweise durch Bewegung abgebaut: Rennen, Buckeln, Ausschlagen und so weiter, denn Muskeln, Sehnen und Bänder

Pferde mit Sattel- oder Gurtzwang leiden häufig unter Magenproblemen. Neben den medizinischen Maßnahmen sollte man hier unbedingt das 5 Elemente-System und traumatische Erfahrungen, die nicht „verdaut" werden konnten, in die Therapie einbeziehen. (Foto: Daniela Bolze)

gehören zum Funktionskreis der Leber und können eingesetzt werden, um diese zu entlasten. Wird dem Pferd durch Boxenhaltung, überfüllte Winterausläufe oder dicht gedrängte Offenstallhaltung diese Möglichkeit zum Emotionsabbau genommen, richten sich diese Emotionen nach innen und schädigen die Leber auf allen Ebenen. Die große Anzahl von Pferden mit Leberfunktionsstörungen in unseren Breitengraden lässt vermuten, dass hier nicht nur körperliche Zusammenhänge wie toxische Belastungen am Werk sind, sondern emotionale Überlastung mit in Betracht gezogen werden sollte.

In der Chinesischen Medizin werden den Organen noch wesentlich mehr Funktionen zugeordnet als die reinen physischen Aufgaben. Die Organe wiederum werden den 5 Elementen zugeordnet. So gehört der Zorn zur Leber und damit zum Element Holz. Übermäßiger Zorn kann demnach die Leber schädigen. Der Volksmund sagt nicht ohne Grund, dass jemandem „eine Laus über die Leber gelaufen" ist, wenn jemand offensichtlich grundlos schlechte Laune hat. Umgekehrt kann eine geschädigte Leber ein Pferd auch schneller zornig werden lassen. Viele Besitzer von stoffwechselkranken

Stress und Angst schwächen die Energie der Nieren, was sich langfristig in Krankheitssymptomen, wie dem Cushing-Syndrom, zeigen kann. (Foto: Christiane Slawik)

Pferden kennen die schlechte Laune und die Unmutsbekundungen zum Beispiel beim Satteln. Häufig fällt einem die Veränderung dann erst deutlich auf, wenn die Leber wieder richtig arbeitet und die Tage der schlechten Laune vorbei sind.

Die Freude ist dem Herzen zugeordnet und damit dem Element Feuer. Wer schon mal sein Pferd vor Lebensfreude über die Koppel galoppieren sah, der weiß, wie ihm bei einem solchen Anblick „das Herz aufging". Die Nachdenklichkeit als eine in der Chinesischen Medizin wichtige Emotion sitzt in der Milz und gehört damit zum Element Erde. Die Milz ist wichtig für das Immunsystem und die Blutreinigung, beides wird durch übermäßige Grübelei geschwächt, was Stoffwechselstörungen, Lympheinlagerungen und Apathie zur Folge haben kann. Die Trauer ist der Lunge zugeordnet und damit dem Element Metall. Viele Fohlen entwickeln nach dem harten Absetzen von der Mutter und dem Verbringen auf die Fohlenweide erst mal einen „Husteninfekt". Was für die westliche Medizin einfach nur ein Infekt ist, das ist aus Sicht der Chinesischen Medizin eine Schwäche der Lunge durch die Trauer, was den Erregern überhaupt erst ermöglicht, sich festzusetzen. Umgekehrt sorgt auch hier wiederum eine geschädigte Lunge für Trauer. Ein aufgrund einer Schimmelpilzallergie chronisch hustendes Pferd kann also für unsere Wahrnehmung auch depressiv werden. Auch hier fällt die Veränderung oft erst auf, wenn die Atemwegsproblematik therapiert ist und das Pferd wieder fröhlich wird und aufmerksam am Leben teilnimmt.

Die Angst schließlich gehört zur Niere und damit zum Element Wasser. Zu den Nieren gehören in der Chinesischen Medizin auch die Nebennieren, Hormondrüsen, die den Nieren eng anliegen und auch funktional eng mit ihnen verbunden sind. Die Cushing-Symptomatik ist die Folge eines entgleisten Nebennieren-Hormonhaushalts, wenn diese nämlich zu viel körpereigenes Cortisol produzieren. Damit ist die Emotion Angst eng mit dem Hormonhaushalt verknüpft, insbesondere wenn sie chronisch besteht, was wir auch als „Stress" bezeichnen. In der Chinesischen Medizin gibt es den Spruch, dass jeder Schreck ein kleiner Tod sei – denn in den Nieren ist gleichzeitig die Lebensenergie gespeichert, sozusagen das „energetische Sparbuch" eines Lebewesens. Angst (Stress) schädigt damit die Nieren und entzieht dem Körper gleichzeitig seine wichtige Lebensenergie. Nicht nur beim Menschen, auch beim Pferd kann es zum „Burn-out" kommen, das sieht man bei vielen älteren Sportpferden.

Emotionen

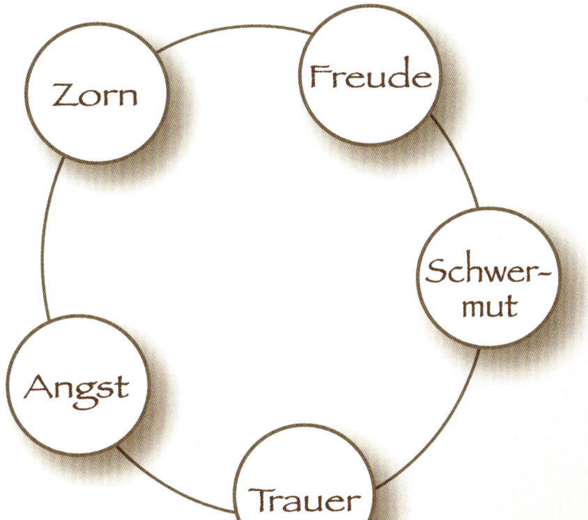

(Zeichnung: Jb:design)

Fressen ist für Erde-Pferde das Wichtigste, aber da sie sehr leichtfuttrig sind, neigen sie zu Übergewicht.
(Foto: Christiane Slawik)

Die Bedeutung von ...

Jahreszeiten

Die Jahreszeiten sind dem Rhythmus der 5 Elemente zugeordnet. Das verwundert zunächst, sprechen wir in der westlichen Welt doch immer von vier Jahreszeiten, haben aber 5 Elemente. Das erklärt sich daraus, dass der Sommer in zwei Phasen unterteilt wird: den Frühsommer und den Spätsommer, die zu unterschiedlichen Elementen gehören. Das Jahr beginnt und endet für uns im Winter. Das dem Winter zugeordnete Element Wasser wird oft als Anfang und Ende vom 5-Elemente-Zyklus gesehen. Jedoch ist die Einteilung in Jahre, die mit dem 1. Januar mitten im Winter beginnen, vom Menschen recht willkürlich gewählt. In früheren Zeiten, als der Mensch noch mehr im Rhythmus mit der Natur gelebt hat und weniger nach Uhr und Kalender, hat man das Jahr nach Jahreszeiten und ihren zugeordneten Tätigkeiten wie Aussaat- oder Erntezeit sowie nach Sommer- und Wintersonnenwende beziehungsweise Tagundnachtgleiche unterteilt. Orientiert man sich an diesen Einteilungen, dann wird einem viel deutlicher, dass wir uns in einem Jahresrad bewegen, das sich immer weiter dreht. So bewegt sich auch der 5-Elemente-Zyklus stets im Kreis, ohne definierten Anfang oder Ende.

Der Winter ist dem Element Wasser zugeordnet und damit den Organen Blase und Niere. Entsprechend häufig zeigen Pferde im Winter energetische Probleme mit den Nieren an. Auf den Winter folgt der Frühling, der mit seinen aufsteigenden Energien nicht nur die Natur grün werden lässt, sondern auch dem Element Holz Kraft gibt. Das Holz ist ein sehr emotionales Element, was man vor allem an den „Frühlingsgefühlen" im Stall merkt, wenn die Tage länger werden, die Sonne wieder wärmt und die Pferde sich beim ersten Koppelgang so richtig ausbocken. Auf den Frühling folgt der Frühsommer und damit die Zeit des Feuers. Jetzt brennt die Sonne am heißesten und das Risiko für Sonnenbrand auf empfindlichen, unpigmentierten Pferdenasen ist am größten. Und eines Tages – mitten in dem, was für uns noch Sommer ist – geht man morgens aus dem Haus und die Luft hat sich verändert. Es ist immer noch warm, aber die Sonne fühlt sich milder auf der Haut an. Die Luft riecht anders und lässt schon das

Nahen des Herbstes erahnen, obwohl die Bäume noch grün sind. Das ist die Zeit des Elements Erde, die Zeit, in der das Korn geerntet wird und auch die Pferde Vorräte für den Winter anlegen in Form von Fetteinlagerungen durch das noch immer saftige Weidegras. Darauf folgt der Herbst mit seinen sich nach innen zurückziehenden Energien, die Zeit des Metall-Elements. Die Bäume verlieren ihre Blätter, das Wetter wird nasskalt und grau. Ein typischer frühnebelverhangener Novembermorgen ist das Sinnbild des Metalls, das dann wieder in den Winter übergeht und damit in das Element Wasser. So wie der Jahreszyklus dann von Neuem beginnt, dreht sich auch das Rad der 5 Elemente weiter.

In jeder Jahreszeit ist das zugeordnete Element mit seinen Organen, Eigenschaften und Charakterzügen im Vordergrund, denn es wird jetzt am stärksten mit Energie versorgt. Kommt es aber zu einem Energiestau oder zu Überschüssen oder auch zu einem Mangel in diesem Element, so kann es aus dem Gleichgewicht geraten, was sich im Verhalten und auch in Gesundheitsproblemen bemerkbar machen kann. Dabei sind nicht nur die Jahres-, sondern auch die Tageszeiten den 5 Elementen zuzuordnen. Demnach gehört die Nacht zum Element Wasser, der frühe Morgen ist Holz-Zeit und die Mittagshitze ist ganz klar im Feuer-Element. Der Nachmittag, wenn die Sonne schon wieder Richtung Horizont wandert, ist Erde-Zeit, die am frühen Abend in das Metall übergeht, um dann nachts wieder Wasser-Element zu sein. So stellen viele Reiter von den eher trägen Erde-Pferden fest, dass diese am frühen Morgen fleißiger arbeiten als am Nachmittag. Kein Wunder: Das Holz kontrolliert schließlich die Erde und sorgt mit seinem Schwung dafür, dass sie nicht zu faul werden kann.

Jahreszeiten

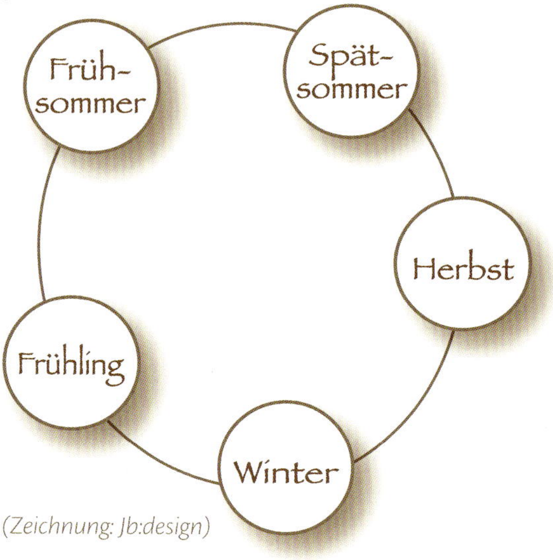

(Zeichnung: Jb:design)

Lebensalter

So wie sich das Jahr durch die 5 Elemente bewegt, durchläuft auch das Pferd von der Geburt bis zum hohen Alter die verschiedenen Elemente. Der Zyklus beginnt dabei mit dem Wasser. Beobachtet man junge Fohlen, sind sie noch sehr ängstlich und verstecken sich oft hinter der Mutter. Sie verbringen die ersten neun bis zwölf Monate im Element Wasser, dessen Emotion die Angst ist. Mit dem Beginn der Geschlechtsreife folgt dann die Holz-Zeit. Sie beginnt beim Pferd mit etwa zwölf bis achtzehn Monaten und dauert während der ganzen Pubertät an, die bis etwa zum vierten oder fünften Lebensjahr geht. Es ist die Zeit der Junghengstkämpfe und des „Sich-Ausprobierens", in der Pferde sehr emotional aufschäumend und dickköpfig reagieren können.

Darauf folgt das Element Feuer, in dem sich das Pferd als junges erwachsenes Pferd bewegt.

Während seines Lebens durchläuft ein Pferd alle Elemente und deren Energien. Daher können sich sowohl der Charakter als auch gesundheitliche Themen im Lauf der Jahre stark wandeln. (Foto: Christiane Slawik)

Es ist voller Kraft und Schönheit, bewegt sich gern und ist auf der Höhe seiner Leistungsfähigkeit. Diese Phase beginnt mit etwa vier bis fünf Jahren und dauert bis etwa zum zehnten Lebensjahr. Zwischen dem zehnten und zwölften Jahr kommt der Zeitpunkt, wo die Pferde ruhiger werden und ihre Erde-Phase beginnt. Das Reiten wird etwas gemütlicher, das Interesse an Aufregung nimmt ab und das für Futter zu. Oft verändert sich in dieser Zeit auch noch mal das Aussehen des Pferdes: Die athletische Jugendfigur wird etwas runder und fülliger, es können sich Figurprobleme insbesondere während der Weidezeit einstellen, da sich das Pferd auch ohne Reiter jetzt zunehmend weniger bewegt.

Die Erde-Zeit geht im Alter zwischen sechzehn und Anfang zwanzig in die Metall-Zeit über, die geprägt ist von einem ruhigen, wohlüberlegten Charakter und Altersweisheit. Die Pferde in diesem Alter können zu großen Lehrmeistern für junge Reiter werden, sie blicken auf ein Leben voller Erfahrungen zurück und bringen das Stück Gelassenheit mit sich, um auch unsichere Reiter gut zu tragen. Hat man in der Erde-Zeit noch mit Übergewicht gekämpft, wandelt es sich in den Abschnitt, wo die Pferde eher abbauen und „eckig" werden. Die Muskulatur wird weniger, die Kruppe sieht kantiger aus und es kommt die Zeit, wo man eingeweichte Heucobs zufüttern muss, um überhaupt das

Gewicht zu halten. Zwischen Mitte und Ende zwanzig schließlich beginnt wieder die Wasser-Zeit und die Pferde werden zunehmend ängstlicher. Man wird bei vielen Haltungen nachdenken, die Pferde zumindest nachts aus der Gruppe zu nehmen und separat aufzustallen, weil sie oft das untere Ende der Rangordnung einnehmen, jedem Streit (mit Jüngeren!) aus dem Weg gehen und dadurch zu wenig Schlaf und Futter bekommen. Sie reagieren auch empfindlich auf nasskaltes Wetter, denn das schwächt die Nieren. So schließt sich der Kreis der Elemente im Lauf eines Lebens von Wasser zu Wasser.

Lebensabschnitte

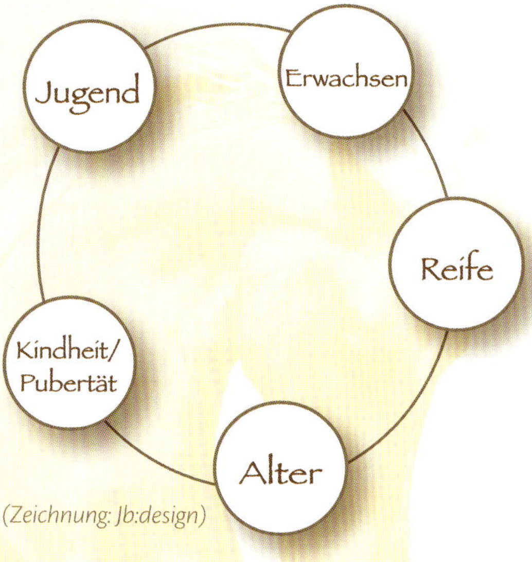

(Zeichnung: Jb:design)

Farben

Farben haben einen deutlichen Einfluss auf die Psyche, nicht nur beim Menschen, sondern auch bei Pferden, wie mittlerweile in verschiedenen Untersuchungen nachgewiesen wurde. Die Farben wirken dabei unter anderem über die Energien der 5 Elemente. Hat man ein Pferd, das bereits im Feuer-Typ steht, und legt diesem in der Feuer-Zeit Hochsommer am Mittag auch noch eine rote Schabracke auf, dann kann das Ganze schnell explosiv werden. Zu viel Feuer auf einmal bringt das Element aus dem Gleichgewicht, und gerade Feuer-Pferde können dann unkontrollierbar werden. Ein solches Pferd sollte besser eine blaue Schabracke tragen, denn Blau beruhigt das Feuer.

Achtet man mal bewusst darauf, dann stellt man fest, dass viele Pferde mit unterschiedlich farbigen Schabracken tatsächlich auch unterschiedlich laufen. Dasselbe gilt für Abschwitz- und Thermodecken. Pferde sind hier zwar nicht modebewusst, entscheiden sich aber durchaus aktiv für unterschiedliche Farben, sofern man ihnen die Wahl lässt. Es kann kein Zufall sein, wenn ein Pferd immer wieder seine grüne Thermodecke zerfetzt, aber die graue in Ruhe lässt. Das muss nicht an der Passform liegen. Vielleicht bringt die grüne einfach zu viel Holz-Energie auf den Pferderücken.

Hält man Pferden unterschiedlich farbige Halfter hin, kann es passieren, dass sie eines davon anstupsen, die anderen aber ignorieren. Auch beim Anziehen des Halfters kann es sein, dass sie bei einer Farbe vollkommen unkooperativ sind, während sie für ein anderes brav den Kopf senken. Dabei können sich die Farbvorlieben im Lauf eines Jahres oder auch im Lauf eines Pferdelebens ändern – je

Farbige Halfter können – je nach Pferdetyp – auch nach der 5-Elemente-Lehre ausgewählt werden. Wer ein Feuer-Pferd besitzt, ist gut mit einem blauen Halfter beraten, da die Farbe Blau beruhigend wirkt. (Foto: Christiane Slawik)

nachdem, welches Element gerade Unterstützung benötigt.

Dem Element Wasser sind dabei die Farben Blau für die (Harn-)Blase und Schwarz für die Nieren zugeordnet. Zum Holz gehört das Grün, die Farbe des Frühlings, wobei hier keine Unterscheidung zwischen den dazugehörenden Organen beziehungsweise Meridianen gemacht wird. Rot ist klassisch die Farbe des Feuers, während Gelb oder Orange zur Erde gehört, die typischen Farben des reifen Korns und des spätsommerlich gefärbten Laubes. Dem Metall schließlich ist die Farbe Weiß oder auch helles Grau zugeordnet, nicht ohne Grund ist es die Zeit, in der die Pferde weiße Haare auf der Stirn und in der Mähne bekommen.

Es ist spannend, Vorlieben seines Pferdes in der Farbwahl zu beobachten, und ein Leichtes, die Farben des Zubehörs auf das Pferd abzustimmen – und nicht nur auf den eigenen Geschmack. Auch sich selbst kann man dabei beobachten, wie verschiedene Farben bei einem Pferd wirken. Denn manchmal hat man das Gefühl, dass einem Pferd eine Farbe „nicht steht", obwohl man nicht mal genau sagen könnte, warum. Zu einem anderen Pferd der gleichen Fellfärbung kann diese Farbe hingegen hervorragend passen. Wir nehmen dabei oft unbewusst Dissonanzen im Energiefeld wahr. Führt jetzt die Farbe dazu, dass ein Element bei dem betroffenen Pferd aus der Balance gerät, so sieht sie für uns bei diesem Pferd unpassend aus.

Stärkt sie hingegen bei einem anderen Pferd ein schwaches Element, so sieht das für uns harmonisch aus.

Auch seine eigene Farbwahl und -vorlieben kann man beobachten und schauen, wie das Pferd auf unterschiedlich farbige Kleidung reagiert. Insbesondere Reiter, die eine sehr enge Verbindung zu ihrem Pferd haben, wählen häufig instinktiv ihre Kleidung farblich danach aus, wie sie mit ihrem Pferd harmoniert, und weniger nach der aktuellen Modefarbe.

Farben

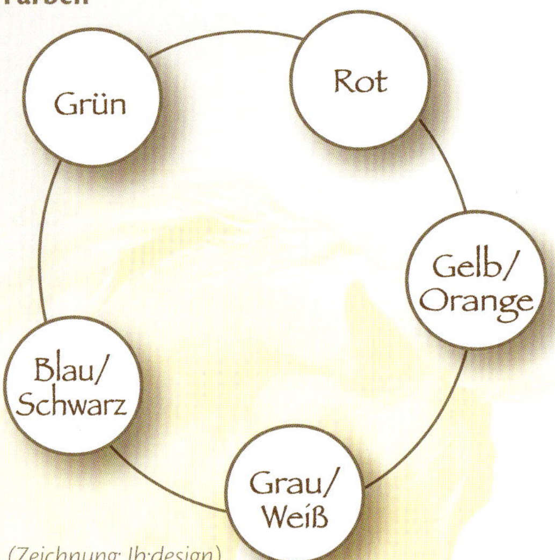

(Zeichnung: Jb:design)

Ernährung

Die Ernährung nach den 5 Elementen spielt in der Chinesischen Medizin eine zentrale Rolle. In diese Richtung geht nicht nur die eigentliche Ernährung, sondern auch die chinesische Phytotherapie, also die Therapie mit Kräuterpflanzen. Hier geht es weniger um biochemische Wirkstoffe (auch wenn mittlerweile einige davon in traditionellen chinesischen Heilpflanzen nachgewiesen wurden), sondern um die energetische Wirkung einer Pflanze. Da den verschiedenen Elementen unterschiedliche Geschmäcke zugeordnet sind, kann man hier schon über den Geschmack von Kräutern zuordnen, in welche Richtung auf die Elemente die Wirkung einheimischer Pflanzen gehen wird.

Der Geschmack „bitter" gehört zum Element Feuer und man ist immer wieder erstaunt, mit welcher Begeisterung viele Pferde bittere Pflanzen wie Schafgarbe oder sogar Eichenrinde oder Walnussblätter fressen. Gerade im Herbst und zum Winter sind solche Kräuter beliebt, regen sie nicht nur die Peristaltik an – die in der kalten Jahreszeit durch die mangelnde Bewegung oft träge wird –, sondern auch das Element Feuer, das als Yang-Element ordentlich Wärme erzeugt. Erstaunlich viele Pferde mögen auch den Geschmack von sauren Kräutern. Beobachtet man instinktsichere Pferde, so kann man sehen, dass sie die jungen Blätter vom Sauerampfer fressen oder teilweise auch Sauerklee im Wald zupfen. Der saure Geschmack stärkt das Element Holz, das in diesen Fällen offenbar Unterstützung benötigt.

Im Hochsommer wird der Salzleckstein häufig frequentiert, was nicht bei allen Pferden mit dem Salzverlust durch Schwitzen zu erklären ist. Salzig ist der Geschmack des Elements Wasser, das benötigt wird, um das Element Feuer zu kontrollieren. Der Hochsommer ist Feuer-Zeit, und wenn ein Pferd hier zu viel Feuer hat, wird es sich nicht nur im Wasser abkühlen, sondern auch sein Element Wasser durch vermehrten Salzkonsum stärken.

Der Geschmack „süß" ist der Erde zugeordnet. Man sollte meinen, dass alle Pferde süß mögen, aber das ist nicht so. Instinktsichere Pferde

In der Feuer-Zeit des Sommers versuchen viele Pferde ihren Energiehaushalt auszubalancieren, indem sie gezielt ihr Wasser-Element – durch Baden in Pfützen oder Lecken am Salzstein – stärken, denn Wasser kontrolliert das Feuer. (Foto: Christiane Slawik)

lassen mitunter den Kübel mit dem süßen Müsli stehen und gehen dafür lieber bittere, scharfe oder saure Kräuter fressen. Leider sorgt unsere Fütterung mit geflockten Getreiden, melassierten Mischfuttern oder großzügiger Fütterung von Karotten, Äpfeln oder Bananen, zusammen mit einem ohnehin schon zuckerreichen Grundfutter, dafür, dass viele Pferde eine regelrechte Zuckersucht entwickeln, wie sie bereits für den Menschen und auch für viele Tierarten nachgewiesen wurde. In diesen Fällen gehen die natürlichen Instinkte verloren und die Pferde fressen übermäßig viel süß – selbst zuckerreiches Heu wird in Massen vertilgt und die natürliche Fressbremse ausgeschaltet. Dadurch kommt das Element Erde immer mehr aus dem Gleichgewicht und Lympheinlagerungen durch den gestörten Funktionskreis von Milz/Pankreas sowie Fetteinlagerungen, Störungen im Hormonhaushalt und Insulinresistenz sind die unschöne Folge, die man in vielen Ställen sieht. Solche Pferde neigen nicht nur zur Bildung von Ödemen, sondern zeigen häufig auch eine übermäßig dicke Zunge. Hebt man die Lippe im Bereich der Lade hoch, quillt die Zunge regelrecht aus dem Maul heraus. Eine solche Zunge ist ein dringendes Signal, den Zuckergehalt in der Fütterung zu reduzieren und das Element Erde wieder in sein Gleichgewicht zu bringen, bevor Erkrankungen wie Equines Metabolisches Syndrom (EMS), Pseudo-EMS oder Pseudo-Cushing entstehen.

Dem Element Metall schließlich ist der „scharfe" Geschmack zugeordnet. Nun sieht

Heu ist nicht gleich Heu. Es unterscheidet sich nicht nur im Nährwert, sondern wirkt auch sanft auf die 5 Elemente ein.
(Foto: Christiane Slawik)

man Pferde in unseren Breitengraden eher selten an Chilisträuchern knabbern. Viele Besitzer können sich auch gar nicht vorstellen, dass einem Pferd scharfes Futter schmecken könnte. Aber probieren Sie es mal aus: Es gibt Pferde, die eine Prise Pfeffer in ihrem Futter durchaus zu schätzen wissen.

Umgekehrt gibt es Pferde, die bestimmte Geschmäcke partout verweigern. Kann man eine Konditionierung auf Zucker ausschließen, dann spricht ein solches Verhalten dafür, dass in dem betreffenden Element ohnehin schon eine energetische Fülle herrscht. Würde das Pferd durch das Fressen dieses Geschmacks die Energie in dem Element noch vermehren, würde das gesamte System aus der Balance geraten.

Viele Gräser und Kräuterpflanzen mit unterschiedlichen Geschmäcken findet man auch im Heu. Auch wenn für uns das Grundfutter der Pferde fad und langweilig aussieht, kann es doch unterschiedlich schmecken. Von süß bei hohem Zuckergehalt über sauer, insbesondere bei Heu von Feuchtwiesen oder Bachrändern, bis zu bitter, wenn viele Bitter- oder Gerbstoffkräuter enthalten sind, reichen die Geschmacksrichtungen. Heu von Salzmarschen schmeckt entsprechend salzig, nur der scharfe Geschmack ist bei uns eher selten vertreten. Die verschiedenen Geschmäcke erklären auch, warum manches Heu geradezu verschlungen, anderes hingegen nur mit „langen Zähnen" genommen wird. Dabei kann jedes Pferd unterschiedliche Vorlieben haben – je nachdem, welche Elemente Unterstützung benötigen, um das System ins Gleichgewicht zu bringen.

Auch andere Futtermittel haben eine Wirkung auf den 5-Elemente-Energiehaushalt bei Pferden. Allerdings ist die Ernährung des Pferdes nach den 5 Elementen insofern eingeschränkt, als dass Pferde einen deutlich reduzierten Speiseplan im Vergleich zum Menschen haben. Daher kann man mit entsprechender Heuqualität und Kräutern den größten Effekt zur Balancierung der 5 Elemente bei seinem Pferd erreichen. Auch einige andere Futtermittel können für Überraschungen sorgen: Hafer stärkt das Feuer, nicht umsonst ist er ein Leistungsgetreide, das auch adäquat in Bewegung umgesetzt werden muss, damit das feurige Pferd die Energie wieder abbauen kann. Ein überschießendes Feuer wird sonst unkontrollierbar.

Auch Mais gehört zu den Kraftfuttersorten, die eine starke Wirkung auf das Element Feuer haben. So sagt der Volksmund mit gutem Grund „Mais macht heiß". Wird der Mais geflockt und als „Cornflakes" dem Mischfutter zugesetzt, dann wurde durch den Prozess sein Charakter dahingehend verändert, dass er auf das Element Erde wirkt und den Milz-/Pankreas-Funktionskreis aus der Balance bringt, was Lympheinlagerungen zur Folge hat. Die Milz hat unter anderem die Aufgabe, die Dinge an ihrem Platz zu halten – so auch die Flüssigkeit in den Blut- beziehungsweise Lymphgefäßen. Gerät die Milz energetisch gesehen aus dem Gleichgewicht, kommt es zu Lymphversackungen im Gewebe, was sich in Lymphpolstern an der Flanke, angelaufener Schlauchtasche beim Wallach, Bauchödemen vor dem Euter bei Stuten oder angelaufenen Beinen äußern kann. Was anfänglich nach der Fütterung von Maisflocken oder Maiswürfeln nach schöner Gewichtszunahme aussieht, ist ein aus dem Gleichgewicht geratenes Pferd, das vermehrt Lymphe im Bindegewebe einlagert.

Ingwer würden wir aufgrund seiner Schärfe eher dem Metall zuordnen, er gehört jedoch zu den Pflanzen, die das Feuer fördern. Das kann kurzfristig bei einem Pferd mit arthrotischen Beschwerden Linderung bringen, denn das Feuer treibt die feuchte Kälte aus den Gelenken, die nach der Chinesischen Medizin ursächlich für die arthrotischen Probleme ist. Man sollte Ingwer nie zu lange am Stück geben, da sonst das Feuer überreagiert und die 5 Elemente aus dem Gleichgewicht geraten. Für nasskalte Tage über einen Zeitraum von drei bis fünf Tagen gegeben also eine gute Unterstützung für die Elemente, im Übermaß aber problematisch. Das gilt auch für alle anderen Geschmäcke: In Maßen sind sie stets geeignet, ein Ungleichgewicht wieder auszubalancieren. Im Übermaß sorgen sie jedoch für einen Energieüberschuss im dazugehörigen Element, was wiederum das ganze System aus der Balance bringt.

Füttert man Futter einer Geschmacksrichtung zu lange, kommt es im dazugehörigen Element fast immer zu einem Überschuss und damit zu einem Ungleichgewicht im gesamten System der 5 Elemente. Wenn ein Pferd ohnehin schon aus der Balance seiner 5 Elemente ist, sollte man hier vorsichtig sein mit einseitiger Fütterung. Bei Pferden, die schon Magenprobleme oder sogar eine Insulinresistenz (Pankreas!) haben, ist – mit einer Imbalance im Element Erde – zuckerhaltiges Futter unbedingt zu vermeiden. Ist das Metall mit seinen Organen Lunge und Dickdarm aus dem Gleichgewicht, sollten scharfe Futtermittel gemieden werden. Bei Problemen mit dem Element Wasser, also vor allem den Nieren und der Blase, sollte man salzige Futtermittel weglassen, beispielsweise dem Mischfutter oder dem Mash kein Salz zusetzen. Ist das Holz bereits gestört und hat das Pferd dadurch Leberfunktionsstörungen, dann sollten saure Futtermittel wie Heulage/Silage unbedingt gemieden werden, bei einem Ungleichgewicht im Element Feuer schließlich bittere Futtermittel, wie sie vor allem in Kräutermischungen vorkommen können.

Wie bei den Farben beeinflusst auch unser eigenes Essverhalten nicht nur unsere eigenen 5 Elemente, sondern darüber hinaus auch die unseres Pferdes. Denn wenn wir mit unserem Pferd interagieren, sind wir in einer permanenten Resonanz: Unser Energiefeld beeinflusst das unseres Pferdes und umgekehrt. Das ist einer der Gründe, warum viele Reiter nach einem stressigen Arbeitstag, der ihre Elemente durcheinandergebracht hat, sich im Stall so gut erholen: Hat man ein energetisch ausgeglichenes Pferd, kann das eigene Elementesystem mit ihm in Resonanz gehen und sich dadurch zu einem guten Teil wieder harmonisieren. Wenn wir dann nach dem Reiten nach Hause fahren, ist der Arbeitsärger wie weggeblasen und wir sind wieder gut drauf.

Was unbewusst funktioniert, kann man auch bewusst einsetzen: Hat man ein Pferd, das stark im Holz-Typ ist, so kann jeder anspruchsvolle

Geschmacksrichtungen

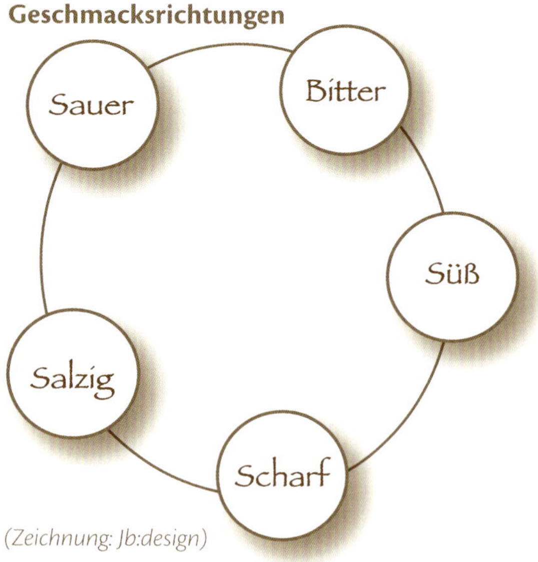

(Zeichnung: Jb:design)

Verlauf der Meridiane

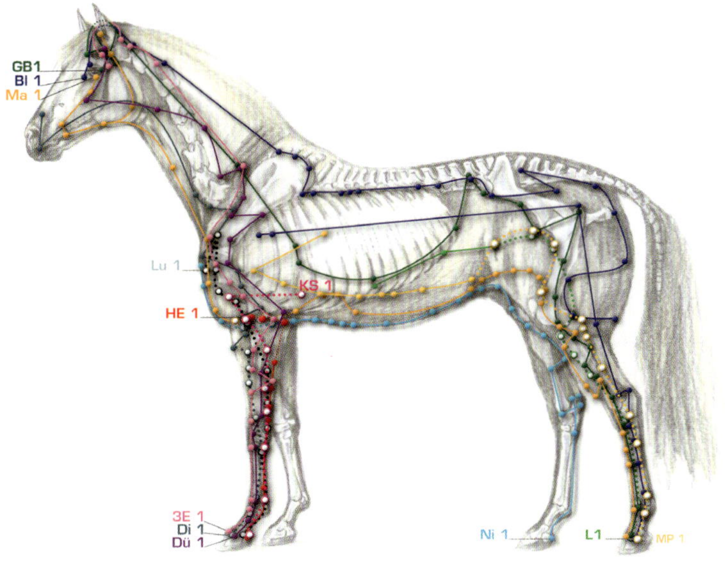

Meridiane sind die Energieleitbahnen im Körper, die sowohl an der Außenseite als auch an der Körperinnenseite entlang verlaufen. Reagiert ein Pferd empfindlich bei Berührung eines Meridians kann ein Störung oder ein Energiestau die Ursache sein. (Zeichnung: Susanne Retsch-Amschler)

Ritt – insbesondere Turniere oder ähnliche Herausforderungen – zu einer Zerreißprobe werden. Stärkt man jetzt sein eigenes Metall-Element vor dem Ritt, indem man scharfe Nahrungsmittel zu sich nimmt, so klappt es auf einmal im Parcours viel besser. Denn das Metall kontrolliert das Holz: Stärke ich mein Metall, habe ich mehr Kontrolle über das Holz meines Pferdes, ohne dabei meinen Reitstil ändern zu müssen. Auch Reiter von Feuer-Pferden können das ausprobieren, denn gerade das Feuer kann manchmal ein rechtes Abenteuer sein, wenn es mitten beim Reiten „auflodert". Isst man vor dem Reiten Salziges und stärkt damit sein Wasser-Element, welches das Feuer kontrolliert, so wird der Ritt um einiges entspannter.

Meridane

Die Energie „Qi" fließt nach der Chinesischen Medizin in Leitbahnen, die auch Meridiane genannt werden. Manche Meridiane weisen auch Verzweigungen auf, und alle sind über Verbindungspunkte miteinander in Kontakt, sodass die Energie von einem in den anderen Meridian fließen und das Meridiansystem sich auf diese Weise immer wieder ausgleichen kann.

Die Meridiane sind Energieversorger für die zugeordneten Organe und für Körperregionen, über die sie verlaufen. Der Magenmeridian ist sowohl Energieversorger für das Organ Magen als auch für die Kieferhöhlen, Backenzähne und die Knie sowie mitverantwortlich für die Schub-

und Tragkraft der Hinterbeine. Eine Störung im Element Erde, zu dem der Magen gehört, kann also zu Problemen mit dem Magen wie Gastritis führen, aber auch chronifizierende Kieferhöhlenvereiterungen, Backenzahnprobleme sowie instabile Knie und eine mangelnde Hinterhandaktivität zur Folge haben. Umgekehrt kann ein – beispielsweise durch Stress oder falsches Futter – gestörter Magen Auswirkungen auf den Magenmeridian haben – mit all seinen Folgen.

Jedem Element sind dabei zwei Meridiane zugeordnet, mit Ausnahme des Feuer-Elements, zu dem vier Meridiane gehören. Diese zwölf Meridiane werden auch als Haupt- oder Organmeridiane bezeichnet, da sie jeweils einem Organ zugeordnet sind. Eine Ausnahme bilden hier wieder die beiden zusätzlichen Feuer-Meridiane, die eher Konzepten oder Funktionen zugeordnet sind, aber nicht physischen Organen.

Zu jedem Element gehört ein Yin- und ein Yang-Meridian beziehungsweise zum Element Feuer entsprechend zwei Yin- und zwei Yang-Meridiane. Yin und Yang sind dabei ebenso wie die 5 Elemente Grundkonzepte der Chinesischen Medizin. Sie bilden Gegensätze, die aber gleichzeitig nur gemeinsam eine Einheit bilden. Die chinesischen Schriftzeichen dafür bedeuten gleichzeitig die schattige und die sonnige Seite eines Berges, was das Konzept sehr schön bildhaft veranschaulicht, da beides nur zusammen die Einheit – den Berg – bildet. Yin- und Yang-Meridian bilden damit innerhalb eines Elements immer eine Einheit, wobei beiden Meridianen jeweils unterschiedliche Eigenschaften zugeordnet sind.

Zum Element Erde gehört der Magenmeridian als Yang-Anteil. Er ist wichtig auf organischer Ebene wie auch auf energetischer, denn er sorgt nicht nur für die Aufnahme von Nahrung, sondern auch für die Aufnahme der in der Nahrung enthaltenen feinstofflichen Energie. Sein Yin-Partner ist der Milz/Pankreas-Meridian, dem gleich zwei Meridiane zugeordnet sind, eben die Milz und die Bauchspeicheldrüse. Während Letztere eine wichtige Rolle in der Verdauung und der Blutzuckerregulation spielt – der Geschmack der Erde ist süß! –, ist der Milzanteil vor allem in seiner energetischen Funktion wichtig. Denn der Milzmeridian steht zwischen allen anderen Organmeridianen und ist in der Lage, sie zu harmonisieren. Nicht ohne Grund spricht der Volksmund von einem „gut geerdeten Typen" oder davon, dass jemand „in seiner Mitte ruht". Der Milzmeridian hält im Körper die Flüssigkeiten an ihrem Platz und sorgt zusammen mit dem Magenmeridian für die Aufnahme von Nahrungsenergie und Verarbeitung aller Umwelteinflüsse. Er ist damit ein wichtiger „Entgifter". Darüber hinaus spielt er eine zentrale Rolle bei der Verarbeitung von Veränderungen, Stress, Emotionen und auch körperlichen Belastungen.

Dem Metall-Element sind als Meridiane der Lungen- und der Dickdarmmeridian zugeordnet. Obwohl diese Organe für uns ein ungleiches Paar bilden, sind mittlerweile auch physisch Zusammenhänge nachgewiesen worden. Kommt es beim Pferd im Dickdarm zu Fehlgärungen, entstehen unter anderem gasförmige Abfallstoffe, die vom Blutstrom aufgenommen und teilweise über die Lungen wieder abgeatmet werden, was dort zu einer erheblichen Belastung führt. Chronisch entzündete Darmschleimhäute, wie sie als Folge von Fehlgärungen im Dickdarm häufig auftreten, entziehen dem Körper in großem Maß Schwefel. Dieser wird aber von den Schleimhäuten der Atemwege benötigt, um Cystein zu bilden, eine schwefelhaltige Aminosäure, die wiederum essenziell für die Bildung der natürlichen Schleimschicht in den Bronchien benötigt wird. Trockene Atemwege und daraus folgend Reizhusten bei Staubbelastung können die Folge sein. Ein Lungenproblem kann seine Ursache im Dickdarm haben und nicht in den Atemwegen. Gerade der Dickdarmmeridian ist bei unseren Pferden durch falsche Ernährung sehr häufig gestört, was sich unter anderem in der zunehmenden Zahl an chronisch hustenden Pferden bemerkbar macht.

Zum Wasser-Element gehören der Yin-Meridian Niere und sein Yang-Pendant (Harn-)Blase. Den Nieren kommt dabei in der Chinesischen Medizin eine zentrale Rolle zu, denn sie enthalten zusammen mit dem Herzen die Lebensenergie, die einem Individuum bei der Geburt von seinen Eltern mitgegeben wird. Obwohl jeder Organismus in der Lage ist, Energie aus Nahrung, Atemluft und beispielsweise durch Sonneneinstrahlung aufzunehmen und in sein Meridiansystem einzuspeisen, bildet die Nierenenergie eine Art energetisches Sparbuch. Jeden Tag wird ein klein wenig davon verbraucht. Je nachdem, wie gut dabei täglich das energetische „Girokonto" durch gesunde Ernährung, Bewegung und Ruhephasen immer wieder aufgefüllt wird, verbraucht ein Pferd entsprechend jeden Tag mehr oder weniger Nierenenergie für sein Dasein. Ein Leben auf der Überholspur mit ständigen Turnieren, Stallwechseln, ungesunder Ernährung und anderen Stressfaktoren sorgt dafür, dass übermäßig viel Nierenenergie verbraucht wird, was letztlich das Leben verkürzt. Man sieht ein solches energiezehrendes Leben nicht nur Menschen, sondern auch den Pferden meist an: Sie sehen oft vorzeitig verbraucht und gealtert aus und entwickeln schon in jungen oder mittleren Jahren Alterserscheinungen wie Gelenkverschleiß und Arthrosen, Herzprobleme und Probleme im Hormonhaushalt, denn auch dieser ist Teil des Nierenfunktionskreises. Die Nieren sind neben dem Herz also lebenswichtige Organe. Ein drittes lebenswichtiges Organ ist das Gehirn und Rückenmark, das keinen eigenen Funktionskreis besitzt, sondern – wie das Hormonsystem – dem Nierenmeridian zugeordnet ist.

Der Blasenmeridian hat dabei ebenfalls wichtige Aufgaben, denn er leitet nicht nur verbrauchte Energie nach unten ab, sondern versorgt auch den gesamten Rücken mit Energie. Pferde mit wiederkehrenden Wirbelblockierungen, schwachem Rücken, Hängerücken oder Trageerschöpfung leiden häufig unter einem gestörten Blasenmeridian und entsprechend auch Imbalancen im Element Wasser. In Höhe der Schulter teilt sich der Blasenmeridian in einen inneren und einen äußeren Ast. Der innere Verlauf wird manchmal auch als Organ-Ast bezeichnet, denn auf ihm liegen die sogenannten Zustimmungspunkte. Sie repräsentieren die anderen Organe und ihre Meridiane. So kann ein gestörter Blasenmeridian auch zu einem gestörten Leber- oder Herzmeridian führen, wenn diese Blockade genau den entsprechenden Zustimmungspunkt betrifft. Auch blockierte Wirbel, ein unpassender Sattel, eine drückende Sattelunterlage oder ein schlecht sitzender Reiter können den Organ-Ast des Blasenmeridians erheblich stören und Folgen in den anderen Organen beziehungsweise ihren Meridianen haben. Der äußere Verlauf des Blasenmeridians wird auch als emotionaler Ast bezeichnet. Unverarbeitete Emotionen werden zwischengespeichert, und zwar nicht nur die des Pferdes, sondern – durch das Resonanzprinzip energetischer Systeme bedingt – auch solche des Reiters. Werden Emotionen nicht verarbeitet, sondern verdrängt, sorgt das für einen gestörten Blasenmeridian und ebenfalls einen schwachen Rücken. Auch wenn Pferde im Gegensatz zum Menschen keine Bandscheibenvorfälle entwickeln können, sind die vielen Fälle von Rückenproblemen ohne erkennbaren organischen Ursprung doch ein deutliches Zeichen dafür, dass auch Pferde hier unter emotionalen Belastungen leiden.

Dem Holz-Element sind zwei Meridiane zugeordnet, von denen nur einer eine direkte Organentsprechung hat, nämlich der Lebermeridian. Sein Yang-Partner, der Gallenblasenmeridian, hat beim Pferd keine direkte organische Zuordnung, da das Pferd keine Gallenblase besitzt. Aber auch die Leber des Pferdes produziert Gallenflüssigkeit, die durch die Gallengänge in den Dünndarm abgeleitet wird. So hat das Pferd eben auch einen Gallenblasenmeridian. Die Leber ist bei Pferden in unseren Haltungsbedingungen oft belastet, nicht nur durch falsche Ernährung, sondern auch durch zusätzliche Belastungen wie Toxine aus Futtermitteln (Schimmelbelastung) oder der Landwirtschaft (Glyphosate) oder sogar Giftpflanzen im Heu (Jakobskreuzkraut, Herbstzeitlose) und viele andere. Gleichzeitig ist die Leber ein Organ, das stark auf Emotionen reagiert – vor allem auf heftige wie Zorn. Enge Haltungsbedingungen mit mangelnder freier Bewegung – ob in Boxenhaltung oder in überfüllten Offenställen – sorgen damit für eine zusätzliche Belastung der Leber. Das gilt auch für Pferde, die nicht artgerecht untergebracht sind und sich mit ungeliebten Boxennachbarn oder unsozialen Offenstallkollegen arrangieren müssen. Der Gallenblasenmeridian sorgt im ausgeglichenen Pferd zusammen mit dem Lebermeridian für Mut und Tapferkeit. Auch die Hufe sind dem Gallenblasenmeridian zugeordnet, und häufig sieht man augenscheinlich trockene und rissige Hufe, solche mit schlechter Hornqualität oder Stoffwechselringen. Hier sollte man – neben den organischen Maßnahmen – auch den Gallenblasenmeridian mit in Betracht ziehen.

Das Element Feuer schließlich bildet eine Besonderheit innerhalb der Elemente, denn ihm sind die Organmeridiane Herz (Yin) und Dünndarm (Yang) zugeordnet sowie zwei weitere Meridiane, die eher Funktionen als organischen Strukturen entsprechen, nämlich Perikard oder Kreislauf/Sexus sowie der Dreifache Erwärmer. Das Herz sowie der Herzmeridian gehören zusammen mit den Nieren zu den lebenswichtigen Organen. Es wird zusätzlich geschützt durch sein Yin-Pendant Perikard (Herzbeutel). Dieser Meridian wird in der Kinesiologie auch als Kreislauf/Sexus bezeichnet, was seine weiteren Funktionen gut veranschaulicht. Der Dünndarm ist verantwortlich für die Aufspaltung von Nahrungsbestandteilen und – wie der Magen- und der Dickdarmmeridian – mitbeteiligt an der Verarbeitung und Aufnahme von Nahrungsenergie. In der Chinesischen Medizin spricht man davon, dass der Dünndarm „Trübes von Klarem" trennen kann, und er ist damit wesentlich für das verantwortlich, was wir „Bauchgefühl" nennen. Der Dreifache Erwärmer (Yang) verteilt nicht nur die Körperflüssigkeiten wie Blut und Lymphe im Körper, sondern auch die Energie zwischen oben-vorn, Mitte und untenhinten. Er ist dadurch maßgeblich an der Balance des gesamten Meridiansystems beteiligt.

Pferde gehen immer in Resonanz mit den Elemente-Schwerpunkten ihres Reiters. Je nachdem kann es dabei zu einem tollen Teamerlebnis zwischen Pferd und Reiter oder zu völliger Disharmonie kommen. (Foto: Christiane Slawik)

Reiter-Elemente

Die meisten von uns haben schon einmal Situationen erlebt, wo sich Emotionen anderer auf uns übertragen haben. Sei es Trauer oder Wut oder auch Freude – wir gehen mit den Emotionen unserer Nächsten in Resonanz und spüren sie dadurch selbst. Ebenso geht unser Energiefeld stets in Resonanz mit den Energiefeldern der Umgebung. Nicht nur bei Pferden ist meist das eine oder andere Element stärker ausgeprägt als die anderen, sondern auch bei uns Menschen gibt es verschiedene „Typen". Zum einen richtet sich unser Grundtyp aus den 5 Elementen danach, wann wir geboren sind. Ähnlich, wie wir unter einem Sternzeichen geboren sind und bestimmte Eigenschaften verstärkt hervortreten, werden wir auch unter einem oder zwei Elementen geboren, die verstärkt Einfluss auf uns nehmen. Durch unsere Lebensführung, die uns umgebenden Energien, emotionales Erleben, unsere Ernährung sowie viele andere Einflussfaktoren kann es jedoch auch zu

Viele Kaltblüter sind im Erde-Typ und damit perfekte Verlasspferde. Umso überraschter ist dann manch ein Reiter, wenn sich sein frisch gekauftes Kaltblut aber als Holz-Sportskanone erweist oder als ängstliches Wasser-Pferd.

(Foto: Christiane Slawik)

Verschiebungen in unserem natürlichen Grundelement kommen, sodass wir irgendwann sozusagen „im falschen Element" sind. Wer eher ein gemütlicher Erde-Typ ist, aber tagtäglich acht Stunden mit einem unausgeglichenen, cholerischen Holz-Chef verbringt, wird irgendwann selbst in eine energetische Schieflage geraten und seine „Erdung" verlieren.

So geht ein Reiter auch stets in eine Elemente-Resonanz mit seinem Pferd. Es gibt bestimmte Elemente-Kombinationen, die besonders gut harmonieren, und andere, die überhaupt nicht funktionieren. Entweder sorgt dann der eine Part dafür, dass der andere sich in seinem Wesen verbiegen muss, um den Erwartungen zu entsprechen, oder es kommt zu großen Enttäuschungen auf beiden Seiten. Sehr viele Pferdemenschen verlieben sich spontan in Feuer-Pferde, weil sie unglaublich schön sind, eine traumhafte Ausstrahlung haben und – solange das Feuer in Harmonie ist – auch wunderbar leicht, zugänglich und angenehm im Umgang sind. Lodert das Feuer aber dann einmal auf und das Pferd geht mit seinem Reiter kopflos durch – was nicht selten in schweren Stürzen oder Unfällen endet –, ist oft das ganze Vertrauen dahin und das Verhältnis zum ehemaligen Traumpferd nachhaltig gestört.

Das Wissen um die 5 Elemente hilft einem Reiter dabei, sich selbst und auch sein Pferd besser zu verstehen. Ein ängstlicher Reiter im Wasser-Element sollte sich beispielsweise lieber ein gemütliches, verlässliches Erde-Pferd zulegen als ein temperamentvolles (und manchmal durchgeknalltes) Feuer-Pferd. Wer Turnierambitionen hat, ist mit einem Erde-Pferd hingegen schlecht beraten und sollte lieber auf ein Holz-Pferd setzen – sofern er selbst stark genug ist, sich mit ihm auseinanderzusetzen.

Metall-Reiter kommen meist mit einem Metall-Pferd am besten zurecht, weil ihnen all die Emotionen von Holz und Feuer zu viel sind. Auch ein Wasser-Pferd kann ein harmonischer Partner sein. Die Erde ist ihnen meist geistig zu träge und schnell langweilig.

Wasser-Reiter sind am besten beraten mit einem Erde-Pferd, das für sie eine Lebensversicherung in jeder Lebenslage ist. Mit einem Holz-Pferd kann es gut funktionieren, solange sie sich ihm unterordnen und dessen Führungsrolle nicht infrage stellen. Von Feuer-Pferden ist im Allgemeinen abzuraten, weil ihre Unberechenbarkeit für ängstliche Reiter eher nichts ist. Mit Metall-Pferden kommen Wasser-Reiter gut zurecht, aber hier ist meist das Pferd mit diesem Reiter frustriert als andersherum.

Der Holz-Reiter kommt am besten mit einem Holz-Pferd zurecht, dabei kann es aber auch hoch hergehen, wenn beide die Dominanzposition für sich beanspruchen. Gelingt es einem Holz-Reiter, sein Pferd davon zu überzeugen, dass beide dasselbe wollen, bilden sie ein unschlagbares Turniergespann. Holz-Reiter mit Feuer-Pferden sind oft eine schwierige Kombination, weil das Holz das Feuer fördert und damit die unkontrollierten Ausbrüche. Ein Erde-Pferd harmoniert gut mit einem Holz-Reiter, vor allem mit den etwas älteren Semestern, die nicht mehr ganz so wild reiten wollen. Ein Metall-Pferd kann unter einem ausgeglichenen Holz-Reiter zur Höchstform auflaufen, aber unter den emotionalen Ausbrüchen eines disharmonischen Holz-Reiters sehr leiden. Wasser-Pferde sind mit Holz-Reitern völlig überfordert.

Ein Feuer-Reiter ist das ideale Pendant zu einem Feuer-Pferd, weil sie einander auf einer tiefen Ebene verstehen und den Feuer-Reiter die Ausbrüche seines Pferdes nicht schockieren.

Mit Holz-Pferden kann es gut, aber auch böse schiefgehen, da das Holz das Feuer fördert und sich unkontrollierbare Situationen ergeben können. Die Beständigkeit der Erde-Pferde tut unausgeglichenen Feuer-Reitern sehr gut, weil sie damit ihre Energie ableiten können. Allerdings sind sie einem Feuer-Reiter meist zu plump und zu langweilig. Metall-Pferde haben oft Probleme mit der Sprunghaftigkeit und – aus Sicht des Metalls – mangelnden Konzentrationsfähigkeit des Feuer-Reiters. Hier harmoniert es oft erst, wenn der Reiter etwas älter ist. Wasser-Pferd und Feuer-Reiter können eine sehr gute gemeinsame Ebene finden, kontrolliert doch das Wasser das Feuer. Gleichzeitig sind Feuer-Reiter sehr sensibel und können gut auf ein ängstliches Wasser-Pferd eingehen.

Erde-Reiter suchen sich oft auch Erde-Pferde. Man hat dann das Gefühl, dass diesem Team eine unglaubliche Schwere anhaftet. So gut beide einander verstehen, fehlt ihnen oft der Schwung, wenn die Erde zu sehr dominiert. Erde-Reitern sind Holz- und Feuer-Pferde oft viel zu anstrengend, dabei kommen sie gerade mit Feuer-Pferden oft gut zurecht, weil sie ihnen die Ruhe der Erde geben und gleichzeitig vom Feuer etwas „auf Trab" gebracht werden. Erde und Metall kann gut funktionieren, weil beide ihre Routinen lieben, und Erde-Reiter mit Wasser-Pferden bilden meist eine sehr harmonische Einheit, weil die Erde die Ängste des Wassers kontrolliert und ein solcher Reiter ausreichend Ruhe und Gelassenheit mitbringt, um dem Wasser-Pferd die nötige Sicherheit zu geben.

Wie beim Pferd zeigen auch die wenigsten Menschen eine extreme Ausprägung nur eines Elements. Meist sind wir Mischformen aus verschiedenen Typen. Aber ein oder zwei findet man häufig doch stärker ausgeprägt als die anderen. Dabei ist der Elementetyp auch beim Menschen nicht in Stein gemeißelt, sondern verändert sich mit dem Lebensalter, der Jahreszeit und vielen anderen Einflussfaktoren. Wenn man zurückdenkt, dann fällt einem oft auf, dass man gewisse Charakterzüge schon als Kind, Jugendlicher oder junger Erwachsener hatte. Andere hingegen sind verschwunden und dafür neue hinzugekommen. So stellen viele Reiter ab einem Alter meist jenseits der vierzig fest, dass sie sich nicht mehr auf die jungen, wilden Holz- oder Feuer-Pferde setzen müssen, auch wenn sie in ihrer Jugend (der eigenen Holz- und Feuer-Zeit) nichts aufregender fanden. Auf einmal werden gemütliche Erde-Pferde oder verlässliche Metall-Pferde interessant, die man früher als „unattraktiv" beiseitegeschoben hat. Das ist unserem normalen Elemente-Reifungszyklus geschuldet, denn auch wir bewegen uns im Lauf unseres Lebens durch das Rad der 5 Elemente, vom Wasser zum Wasser. Kennt man seinen eigenen Elementeschwerpunkt, fällt es leichter, das passende Pferd dazu zu finden.

Ein Erde-Pferd in einer Herde beruhigt zum Beispiel ängstliche Wasser-Pferde oder dominante Holz-Pferde und wirkt ausgleichend auf die ganze Gruppe. >

(Foto: Christiane Slawik)

Haflinger zählen zu den Robustrassen. Sie neigen trotzdem bei einem Ungleichgewicht der Elemente zu Zivilisationskrankheiten.

(Foto: Christiane Slawik)

Der nährende und der kontrollierende Zyklus

Die Energie fließt nicht nur im Körper durch die Meridiane, sondern auch durch das System der 5 Elemente, dem letztlich alles – auch die Meridiane – untergeordnet ist. Man unterscheidet den nährenden (Sheng-)Zyklus vom kontrollierenden (Ke-)Zyklus. Um diese Zyklen darzustellen, werden die Elemente in einem Kreis angeordnet in der Reihenfolge: Wasser, Holz, Feuer, Erde, Metall. Jedes Element nährt dabei sein folgendes. Die Chinesische Medizin ist aus der täglichen therapeutischen Arbeit und der Erfahrung vieler Heiler über Jahrtausende entstanden. Sie bedient sich dabei sehr bildhafter Sprache, die der chinesischen Vorstellungswelt entgegenkommt. Man spricht beim nährenden Zyklus vom Mutter-Sohn-Zyklus, denn so wie die Mutter den Sohn nährt, so versorgt ein Element sein nachfolgendes mit Energie.

Das Wasser nährt das Holz, denn ohne Wasser würde kein Baum und kein Strauch wachsen können. Das Holz wiederum nährt das Feuer, was jeder weiß, der schon mal ein Lagerfeuer gemacht hat. Feuer seinerseits verbrennt zu Asche, und diese wird als Dünger verwendet, denn Asche nährt die Erde. Die Erde nährt das Metall, denn in ihr können sich Metallionen verdichten zu Metallen, die wir auch heute noch aus Gesteinen gewinnen. Das Metall nährt das Wasser, denn lebendes Wasser ist eines, das Metallionen enthält. Filtert man diese heraus, erhält man destilliertes „totes“ Wasser. Damit ist der nährende Zyklus vollendet.

Wie jeder Gärtner weiß, ist eine gute Nährstoffversorgung wichtig, aber ohne regelmäßiges Zurückschneiden überwuchern irgendwann einige Pflanzen alle anderen und ersticken diese. Der Garten gerät aus dem Gleichgewicht. Dasselbe würde auch bei den Elementen passieren, würden sie nur genährt, aber nicht kontrolliert. Der kontrollierende (Ke-)Zyklus wird auch als Großmutter-Enkel-Zyklus bezeichnet. Der Name stammt noch aus Zeiten, wo die strenge Großmutter im Haus für Zucht und Ordnung gesorgt hat. Dabei kontrolliert jedes

Sheng-Zyklus zusammen mit Ke-Zyklus

Jedes Element nährt sein folgendes und kontrolliert sein übernächstes. So sind alle Elemente direkt miteinander verbunden: sie nähren oder werden genährt, sie kontrollieren oder werden kontrolliert. (Zeichnung: Susanne Retsch-Amschler)

Element das von ihm aus gesehen übernächste: Das Wasser kontrolliert das Feuer, was jedem einleuchtet, der schon mal ein Feuer mit Wasser gelöscht hat. Das Feuer nun kontrolliert das Metall, denn es kann das Metall schmelzen und damit seine Form verändern. Zum Feuer gehört das Herz, während der Verstand dem Metall zugeordnet ist. Das Herz kontrolliert nach der Chinesischen Lehre den Verstand: Jeder, der schon mal unglücklich verliebt war, kann das nachvollziehen. Das Metall in der Form der Säge oder Axt ist in der Lage, das Holz zu kontrollieren, und das Holz wiederum in Form der Wurzeln kontrolliert die Erde: Ohne die Wurzeln der Pflanzen können Wasser und Wind die Erde wegtragen. Die Erde, in Form der Dämme und Deiche, ist in der Lage, das Wasser zu kontrollieren. Auf diese Weise ist jedes Element mit jedem anderen verbunden. Es ist entweder Mutter oder Großmutter, Sohn oder Enkel, das heißt, es nährt oder wird genährt, es kontrolliert oder wird kontrolliert. Schaut man sich diese Zusammenhänge an, wird einem auch schnell klar, dass das gesamte System in Mitleidenschaft gezogen wird, wenn nur ein einziges Element aus dem Gleichgewicht gerät. Kommt es beispielsweise zu einem übermäßigen Stau im Element Wasser, sodass es zu viel Fülle enthält, besteht die Möglichkeit, dass das Feuer praktisch vollkommen unterdrückt – nämlich gelöscht – wird. Gleichzeitig kann ein starkes Wasser sein kontrollierendes Element aus der Balance bringen, so wie ein Hochwasser auch die Dämme und Deiche aufweichen und zerstören kann. Viel Wasser ertränkt das Holz und entzieht gleichzeitig dem Metall zu viel Energie, sodass dieses regelrecht vertrocknet. Jedes Element kann – wenn es aus der Balance gerät – andere Elemente beeinflussen und letztlich zu Problemen von Verhaltensauffälligkeiten bis körperlichen Krankheiten führen.

Nur wenn die Umgebung für das Pferd artgerecht gestaltet ist, können die Elemente ausbalanciert sein.

(Foto: Christiane Slawik)

Einfluss der 5 Elemente auf das Pferd

In jedem Pferd sind grundsätzlich alle Elemente vertreten. Je nach Grundtyp, Lebensalter, Jahreszeit, Ernährung, Erkrankungen und anderen Faktoren kann es zu mehr oder weniger Verschiebungen und Ungleichgewichten in den 5 Elementen kommen. Steht ein Pferd besonders deutlich in einem Elementetyp, sollte hier mit therapeutischen Maßnahmen unterstützt werden, damit es wieder in sein Gleichgewicht kommt. Hilfreich kann eine Umstellung der Ernährung und Haltung sein, ebenso wie eine gezielte Unterstützung mit Akupressurmassage, Shiatsu, Akupunktur, energetischem Putzen, Touch for Health oder anderen Maßnahmen, die darauf abzielen, die Elemente wieder zu balancieren. Das Ziel sollte immer ein Pferd sein, in dem alle Elemente möglichst ausgeglichen sind.

Wer also in der Beschreibung der Elemente in allen sein Pferd deutlich wiedererkennt, der kann davon ausgehen, dass er ein Pferd hat, das hier weitgehend in der Balance ist. Wem aber sein Pferd nur bei ein oder zwei Elementen deutlich vor Augen steht, der sollte an der Balancierung arbeiten. Denn ein Pferd, das extrem ein Element verkörpert, wird früher oder später nicht nur die Verhaltensauffälligkeiten des Elements zeigen, sondern auch gesundheitliche Probleme in dem Bereich bekommen – wenn es sie nicht schon hat. Eine Therapie kann in dem Fall langfristig nur erfolgreich sein, wenn man auch die Elemente wieder in ihr Gleichgewicht bringt.

‹ Idealerweise sind in einer Herde oder Gruppe Pferde mit den Charaktereigenschaften aller Elemente vertreten.

(Foto: Christiane Slawik)

Christiane

Element Holz (Mu)

Das Leber-(Gan-)Pferd oder Der Sportler

Das Element Holz steht sinnbildlich für den Frühling, die Zeit der aufsteigenden Säfte, dem Neubeginn nach dem Winter, wo alle Kraft und Energie in die Höhe schießen. Es ist ein sehr emotionales Element, wo die Gefühle schnell hochkochen und genauso schnell sich auch wieder beruhigen können. Wenn ein solches Pferd von seinem Reiter unklare Signale bekommt, kann es schnell mit Unsicherheit reagieren und damit überschießend emotional werden. Hier gilt ganz klar: In der Ruhe liegt die Kraft.

Dem Element Holz ist der Lebermeridian (Gan) zugeordnet. Dieser wird beim Menschen auch als die Quelle von Mut, Entscheidungsfreude, Aktivität und Tatendrang angesehen. Entsprechend finden wir diese Eigenschaften auch beim Gan-Pferd.

Körperliche Eigenschaften

Pferde im Holz-Typ sind in aller Regel kräftig bemuskelte Athleten, denn Muskeln und Sehnen sind als Gewebe dem Element Holz zugeordnet. Wo Holz-Pferde vorbeigehen, schauen sich die Menschen nach ihnen um, da sie das Idealbild des sportlich durchtrainierten Pferdes darstellen. Durch die von Haus aus gut ausgeprägte Muskulatur in Kombination mit ihrer Begeisterung für Aktivität und Bewegung sind sie regelrechte Kraftpakete. Ihre kraftvollen Bewegungen und ihre Freude an der Arbeit machen sie auf jedem Reitplatz zu einem „Hingucker". Daher findet man sie auch besonders oft auf Turnierplätzen. Gerade in Disziplinen, in denen es auf Mut und Entschlossenheit ankommt, wie Springreiten, Vielseitigkeit oder auch die Rinderdisziplinen im Westernsport sowie im Marathon des Fahrsports, laufen sie zu Höchstleistungen auf.

Tastet man ein Pferd im Gan-Typ ab, so fällt eine ständige Muskelspannung auf. Ein solches Pferd wirkt nie ganz entspannt oder schlaff, sondern immer etwas „unter Strom". Die Unterlippe sieht häufig „gekräuselt" aus, weil sie immer angespannt ist und nie mal, zum Beispiel beim Dösen, entspannt hinunterhängt.

Behandelt man ein solches Pferd mit „Wellnessmaßnahmen" wie Massagen, dann sind seine Entspannungsreaktionen entsprechend oft verhalten. Hier muss man nicht unbedingt ausgiebiges Gähnen oder Abkauen erwarten, manchmal ist ein Zittern und Entspannen der Unterlippe schon das deutlichste Signal für Wohlgefühl. Dabei genießen gerade Holz-Pferde jede Art entspannender Therapie, von Solarium bis Shiatsu. Regelmäßig angewendet, kann man oft beobachten, dass die Grundspannung mit der Zeit etwas nachlässt, das Pferd etwas mehr in sich selbst ruht und auch schneller „runterkommt", wenn es sich mal wieder über etwas erzürnt hat. Kaum ein Pferd kann sich so ärgern wie das Gan-Pferd!

Auffallend ist bei Holz-Pferden, dass sie intensiv nach Pferd riechen, deutlich mehr als ihre Stallkollegen. Man findet unter ihnen besonders häufig Füchse und Abwandlungen der Fuchsfarbe wie Isabellen, Palominos etc., wobei Holz-Pferde natürlich – wie jedes andere Element auch – grundsätzlich alle Farben haben können.

Charaktereigenschaften

Zum Element Holz gehört nicht nur der Mut, sondern auch der Zorn, es ist sozusagen der Choleriker unter den Elementen. Holz-Pferde sind von ihrem Charakter her sehr dominante Pferde, die sich nicht unterordnen – weder dem Menschen noch anderen Pferden. Das kann in Offenstallhaltung zu Problemen führen, wenn sich die anderen Pferde nicht ohne Weiteres fügen. Dann versucht das Holz-Pferd, auch durch gewalttätige Maßnahmen, in die Führungsposition zu kommen. Aus gesundheitlichen Gründen ist aber bei einem Pferd im Holz-Typus die Offenstallhaltung immer der Boxenhaltung vorzuziehen. Hier muss also genau geschaut werden, dass die Herdenkonstellation passt. Es kann sonst zu unablässigen Rangordnungskämpfen mit entsprechenden Verletzungen kommen. In einer Gruppe, in der sonst niemand die Chefposition übernehmen will, ist das Holz-Pferd oft ein unerschrockener und souveräner Herdenanführer, der gut für seine Schützlinge sorgt.

Gleiches gilt auch im Umgang mit dem Reiter: Wer sich auf einen Willenskampf mit einem Gan-Pferd einlässt, der lernt kennen, was Zorn und Dickschädeligkeit bei einem Pferd bedeuten können. Dabei ist ein solches Pferd in jeder Situation völlig klar im Kopf, auch wenn es buckelt oder durchgeht. Ein Holz-Pferd kann genau einschätzen, ob es den Reiter hinunterbuckeln will oder ob es ihm nur einen Denkzettel verpassen möchte, er aber im Sattel bleiben soll. Und auch wenn man als Reiter nach einer anstrengenden Reitstunde voller Dominanzdiskussionen denkt, man hätte das endlich geklärt: Am nächsten Tag kann das Ganze wieder von vorn beginnen. Es sind Pferde, bei denen oft auch Trainer mit dem üblichen Arsenal von Dominanzklärungsmethoden allzu häufig an ihre Grenzen kommen, insbesondere wenn die starke Holz-Energie gepaart ist mit hoher Intelligenz. Solche Pferde werden dann oft genug am Ende als „unreitbar" abgestempelt.

Die Kunst im Umgang mit einem Gan-Typen besteht darin, das Pferd nur zu lenken und nicht beherrschen zu wollen. Wenn man ihm vermitteln kann, dass es eigentlich seine eigene Idee war, dieses oder jenes zu tun, dann ist es der beste Sportpartner, den man sich wünschen kann. Das Holz-Pferd fürchtet sich vor nichts in dieser Welt und es geht mit dem richtigen Reiter über und durch jedes Hindernis – auch wenn es nicht sieht, was dahinter liegt. Es passt dabei immer auf seinen Reiter auf und ist ge-

Holz-Pferde sind sensibel, aber nicht ängstlich! Im Gegenteil, sie können ausgesprochen grob werden, wenn etwas nicht nach ihrem starken Willen geht. (Foto: Christiane Slawik)

rade im Gelände eine unerschrockene Lebensversicherung. Sein Kampfwille prädestiniert es dabei für den sportlichen Einsatz, denn es zeigt gern, was es kann, und will immer Erster und Bester sein. Im Wettrennen mit anderen sind es die Holz-Pferde, die nicht aufgeben, bis sie ganz vorn sind und als Erste durchs Ziel laufen.

Gesundheitsprobleme

Gan-Pferde haben von Haus aus einen hohen Muskelgrundtonus und stehen immer ein wenig unter innerer Anspannung. Lässt man die Hand auf ihrer Muskulatur liegen, kann man oft ein regelrechtes inneres „Sirren" spüren. Zum Element Holz gehören die Muskeln und die Sehnen. Gerät das Element aus dem Gleichgewicht, kommt es auch häufig zu Muskelverspannungen, insbesondere wenn das Pferd durch Boxenhaltung nicht seine inneren, körperlichen wie emotionalen, Spannungen abbauen kann. Ärgert es sich dazu noch über seinen Boxennachbarn, kann es an manchen Tagen steif aus der Box gestakt kommen und muss erst einmal längere Zeit weichgeritten werden oder es muss sich eine halbe Stunde auf dem Reitplatz ausbuckeln und -rennen, bevor

Wenn ein Holz-Pferd wütend oder ungehalten ist, kräuseln sich die Lippen, und die Nüstern sind angespannt. Oft beginnt es auch, aus Unwilligkeit mit den Zähnen zu knirschen.

(Foto: Christiane Slawik)

es für die Arbeit bereit ist. Gerade aus diesem Grund sollte man versuchen, für ein Holz-Pferd einen passenden Offenstallplatz zu finden.

Diese Pferde neigen zu Sehnen- und Bänderproblemen, sowohl durch Ungleichgewichte der Leber als auch durch die sportliche Belastung. Da sich Holz-Pferde so für die Arbeit anbieten, werden sie oft schon in jungen Jahren überfordert, was zur Folge hat, dass ihr Holz-Element noch mehr aus dem Gleichgewicht gerät und sie dann nach dem (meist viel zu frühen) Ausscheiden aus dem Sport aus Gesundheitsgründen oft nur schwer wieder in die Balance kommen.

So raubeinig Holz-Pferde oft wirken, wenn sie gerade mal wieder mit ihrem Reiter ausdiskutieren, wer heute das Sagen hat: Eigentlich sind es hochsensible Pferde, die empfindlich mit Haut- und Augenproblemen reagieren, sobald sie überlastet werden. Von tränenden Augen über chronische Bindehautentzündungen bis „Guckigkeit“ – viele dieser Probleme regulieren sich, wenn der Lebermeridian wieder in die Balance gebracht wird.

Ihre Haut ist oft überempfindlich gegen Waschmittel, Pflegeprodukte oder Insektenstiche und kann dann mit Nesselfieber oder anderen allergischen Reaktionen aufwarten. Darüber hinaus sind Gan-Pferde anfällig gegen das, was in der Chinesischen Medizin als „Wind-Erkrankungen“ bezeichnet wird, also vor allem Atemwegsinfekte, die vornehmlich im Frühjahr auftreten. Auch die Hufe zeigen oft die Folgen von Störungen im Element Holz: So können Ringe, Verformungen, Risse, trockenes, brüchiges Horn und so weiter neben anderen Ursachen auch durch eine Störung im Element Holz, insbesondere im Funktionskreis der Leber, liegen.

Pferd-Reiter-Harmonie

Das Holz-Pferd ist nicht schwach! Aufgrund seines starken Charakters muss es weniger gefördert, sondern vielmehr muss seine Energie in die richtigen Bahnen gelenkt werden. Es sind oft Pferde, bei denen die Standardrezepte aus den verschiedenen Pferdetrainingskonzepten nicht greifen. Vom Reiter ist täglich aufs Neue Fingerspitzengefühl gefragt. Das Gan-Pferd benötigt Sicherheit, will aber nicht über sich bestimmen lassen und sich nicht „unterwerfen“. Es ist sensibel, kann aber schnell „hochkochen“, wenn es seinen Willen nicht bekommt. Es soll sich der reiterlichen Hilfengebung unterordnen, kann aber sehr schnell widerborstig reagieren, wenn es einen inkonsequenten Reiter hat oder in seinen Augen ungerecht behandelt wird.

Zum Gan-Pferd passt sehr gut ein ausgeglichener Holz-Reiter, der seine Natur versteht und respektiert. Wichtig ist hier, dass der Reiter nicht immer seinen Willen durchdrücken will, sondern man täglich neue Kompromisse für ein sportlich-harmonisches Miteinander findet. Ängstliche, im Wasser-Typ stehende Reiter kommen oft vermeintlich gut zurecht mit einem Holz-Pferd, stellen sie seine Führungsposition nicht infrage. Auf einmal kann das sonst so zornige Pferd ganz brav sein. In solchen Konstellationen kann man oft beobachten, dass die Pferde mit ihren Reitern eigentlich machen, was sie wollen. Das ist dann kein harmonisches Miteinander, sondern eher ein „Auf-der-Nase-Herumtanzen“.

Zum Gan-Pferd passt gut ein Erde-Reiter, der die fordernde Natur dieses Pferdes mit Fürsorge und Ruhe mäßigt und ihm gleichzeitig erlaubt, sich weiterzuentwickeln. Die Bewegungsfreude des Holz-Pferdes hält gleichzeitig die Erde-Trägheit seines Reiters im Zaum.

Lebermeridian

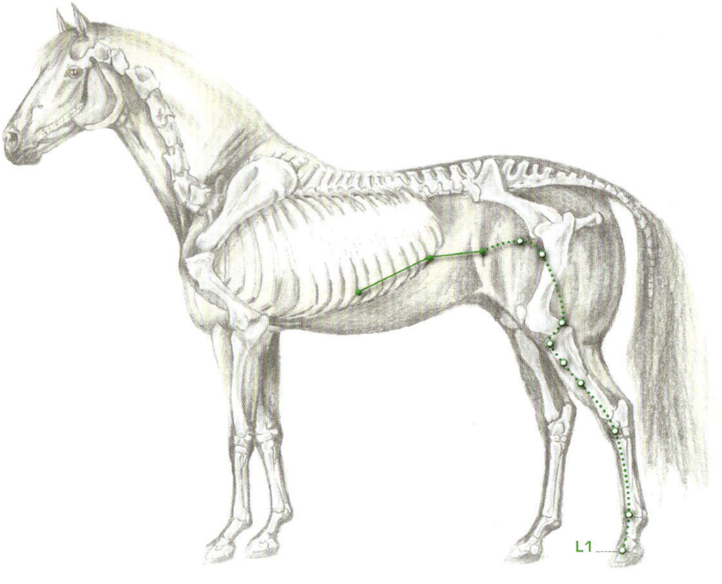

Gallenblasenmeridian

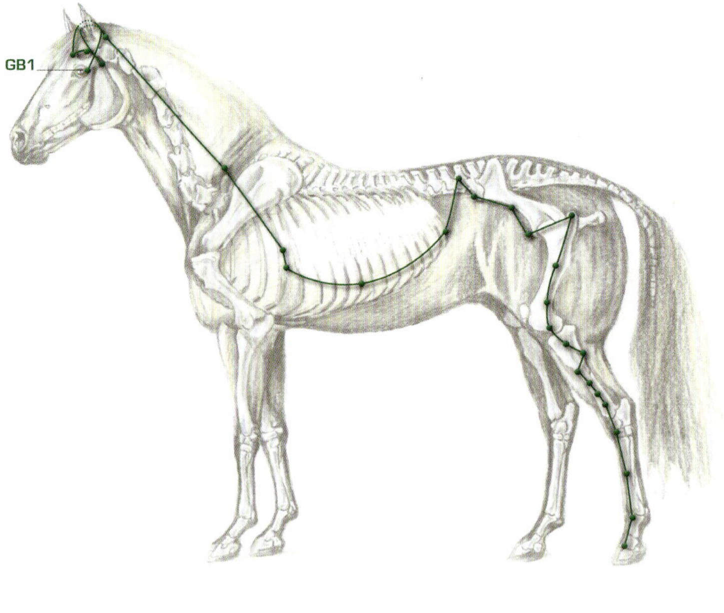

Die Kombination mit einem Metall-Reiter kann manchmal gut funktionieren, aber gerade wenn das Metall nicht im Gleichgewicht ist, können die emotionalen Ausbrüche des Holz-Pferdes den sehr rationalen Metall-Reiter ausgesprochen überfordern. Mit einem ausgeglichenen Feuer-Reiter kann ein Holz-Pferd zu Höchstleistungen auflaufen, denn er ist sensibel genug, um jede Spannung seines Pferdes wahrzunehmen und richtig zu interpretieren. Treffen aber ein unausgeglichenes Holz-Pferd und ein unausgeglichener Feuer-Reiter aufeinander, so kann das eine ausgesprochen explosive Mischung ergeben.

Beteiligte Meridiane

Zum Element Holz gehören zwei Meridiane: der Lebermeridian mit dem Organ Leber und der Gallenblasenmeridian. Auch wenn Pferde organisch gesehen keine Gallenblase haben, so produziert doch auch ihre Leber Gallenflüssigkeit, die über die Gallengänge in den Dünndarm geleitet wird – nur ohne den eingebauten Zwischenspeicher der Gallenblase. Daher verfügt auch das Pferd über einen Gallenblasenmeridian, dem die Galle zugeordnet ist.

Den 5 Elementen werden insbesondere die Haupt- oder Organmeridiane zugeordnet. Diese findet man immer spiegelbildlich auf der linken und rechten Körperseite. Durchgezogene Linien und gefüllte Punkte liegen dabei immer auf der dem Betrachter zugewandten Seite. Gestrichelte Linien und hohle Punkte deuten den Verlauf auf der dem Betrachter abgewandten Seite an, beispielsweise der Innenseite des Beins.

(Zeichnungen: Susanne Retsch-Amschler)

(Foto: Christiane Slawik)

Element Feuer (Huo)

Das Herz-(Xin-)Pferd oder Der Schöne

Das Feuer ist die Zeit des heißen Hochsommers, in dem sich die Energie ausbreitet und alles vor Lebensfreude sprüht. Jeder, der schon mal ein Lagerfeuer gemacht hat, weiß: Das Feuer kann wärmen und schützen, es kann aber auch unendlich zerstörerisch sein, wenn es außer Kontrolle gerät. Daher gilt im Umgang mit Feuer-Pferden immer große Umsicht, damit sie nicht „aufflammen“ und – wie das Feuer in ihnen – unkontrollierbar werden. Das Feuer ist mit seiner Hitze und Trockenheit die reinste Form der Yang-Energie, während sein Gegenpol, das Wasser, als kühles und feuchtes Element das reinste Yin ist. Beide müssen stets in Harmonie gehalten werden, damit Pferde mit einem hohen Feuer-Anteil in der Balance bleiben.

Der Herzmeridian, der zum Element Feuer gehört, ist Träger der Shen-Energie. Diese Energie prägt unter anderem die Persönlichkeit eines Lebewesens, sie ist die Kraft, die für die Ausstrahlung und Wirkung auf die Umwelt sorgt. Entsprechend wird man kein hässliches oder unscheinbares Feuer-Pferd finden. Wo es hinkommt, füllt es den Raum mit seiner Präsenz. Das Feuer zieht uns in den Bann und lenkt das Auge auf sich – ebenso die Feuer-Pferde.

Körperliche Eigenschaften

Feuer-Pferde sind die „Stars“ unter den Pferden. Auch wenn sie längst nicht so ausgeprägt bemuskelt und athletisch aussehen wie die Holz-Pferde, so sehen sie immer schön und harmonisch aus. Bei ihrem Anblick werden alle Mädchenträume wahr. Ihre Bewegungen sind leicht und fließend und erscheinen stets mühelos. Ein Feuer-Pferd unter einem guten Reiter scheint zu schweben. Sein Fell glänzt üblicherweise auch ohne Pflege und es kann überaus eitel sein.

Typische Vertreter des Feuer-Elements sind Vollblüter und Araber – wunderschöne Tiere, nach denen sich jeder Betrachter umdreht, weil sie all das verkörpern, was man sich unter einem „schönen Pferd“ vorstellt. Das reicht von der Mähne, die immer elegant und nie struppig aussieht, bis zu den Hufen, die schön geformt sind mit gesundem Glanz. Ihre Muskulatur hat eine gesunde, angenehme Spannung und sie bewegen sich gern und viel. Sehen wir ein Feuer-Pferd über die Koppel galoppieren, steigt in uns das Gefühl purer Lebensfreude auf, denn die Freude ist die Emotion des Feuers.

Das Element Feuer ist nicht nur für die Entstehung und Verteilung des Blutes zuständig, sondern auch für den Schweiß. Pferde im Feuer-Typ schwitzen häufig nach dem Reiten nach, auch wenn man sie eigentlich trocken in die Box gestellt hatte. Da diese Pferde ohnehin viel Feuer haben, muss man immer darauf achten, dass dieses nicht überhandnimmt. Wärmebehandlungen wie Solarium oder auch Keramikgamaschen und -decken sowie Moxibustion müssen mit äußerster Umsicht angewendet werden. Lodert das Feuer auf, kann es gefährlich für Pferd und Mensch werden. Häufig suchen Feuer-Pferde zur Feuer-Zeit des Hochsommers von sich aus den Ausgleich durch ihr kontrollierendes Element, das Wasser. Sie lassen sich dann gern abspritzen oder gehen mit Begeisterung baden.

Charaktereigenschaften

Pferde im Element Feuer sind im täglichen Umgang sehr angenehm. Weder neigen sie zu übertriebener Ängstlichkeit, noch wollen sie ständig die Chefrolle übernehmen. Sie pflegen mit ihren Artgenossen und dem Menschen meist einen freundlichen, kooperativen Umgang und sind sehr kommunikativ. Aus diesem Grund gliedern sie sich allgemein auch problemlos in Offenstallgruppen ein. Sie wissen jedes Pferd genau „zu nehmen", gehen den Streithähnen aus dem Weg, machen mit den friedlichen Pferden gegenseitige Fellpflege und streiten weder um Futter noch um Schlafplatz, ohne dabei ängstliche Duckmäuser zu sein. Souverän und entspannt bewegen sie sich durch die Gruppe.

Aufgrund ihres anmutigen Äußeren und des freundlichen Charakters verlieben sich viele Menschen auf den ersten Blick in solche Pferde. Oft kommt dann das böse Erwachen, wenn das Pferd energetisch aus dem Gleichgewicht gerät und das Feuer „aufflammt". Das vorher noch so nette und umgängliche Pferd wird plötzlich unberechenbar, geht durch, steigt, schlägt und verletzt sich dabei nicht selten selbst. Das Herz kontrolliert den Verstand, und dabei wird das Gehirn regelrecht abgeschaltet. Ein Feuer-Pferd in diesem Zustand weiß nicht mehr, was es tut. So kann es passieren, dass das Pferd frontal in die Hallenbande hineinrennt oder im Gelände mit einem fahrenden Auto kollidiert. Es nimmt seine Umwelt in solchen Momenten überhaupt nicht mehr wahr und wird zur Gefahr für sich und den Reiter. Geht ein Feuer-Pferd durch, sollte man abspringen und warten, bis es sich von selbst wieder beruhigt. Diese Episoden sind meist nur von kurzer Dauer. So schnell, wie ein Feuer auflodern kann, so schnell erlischt es auch, wenn es seine Nahrung verbraucht hat.

Dabei ist für solche Situationen häufig nicht einmal ein konkreter Auslöser erkennbar. Ein ängstliches Pferd wird immer zeigen, wovor es konkret Angst hat, und kann durch Training lernen, sich davor nicht mehr zu fürchten. Beim Feuer-Pferd bringt das beste Desensibilisierungstraining nichts. Heute kann es die Schubkarre zum Anlass nehmen, morgen das vorbeifahrende Fahrrad und übermorgen die Regenpfütze. Kaum ist sein „Anfall" vorbei, sind Schubkarre, Fahrrad oder Pfütze wieder völlig egal, so wie all die anderen Tage vorher auch.

Feuer-Pferde wollen ihrem Reiter gefallen und lieben es, bewundert und gelobt zu werden. Insbesondere, wenn sie sich für die Bewunderung nicht ernsthaft anstrengend müssen. (Foto: Christiane Slawik)

Feuer-Pferde leben in ihrer eigenen Welt, und man hat oft das Gefühl, dass sie gelegentlich mal von der Realität überrascht werden und dann in eine Art Hyperaktionismus verfallen. Nach der Chinesischen Medizin leitet das Feuer die aufgestauten Emotionen der Leber ab, daher kommt es gelegentlich zu solchen Ausbrüchen. Sobald diese Emotionen „verraucht" sind, kehrt das Pferd wieder in seinen freundlichen Normalzustand zurück und versteht überhaupt nicht, warum sich alle so aufregen. Man braucht einem Feuer-Pferd sein Verhalten nicht nachzutragen, denn sie wissen in solchen Momenten tatsächlich nicht, was sie tun.

Am wohlsten fühlt sich das Feuer-Pferd, wenn es umhegt und umsorgt wird. Es ist das beste Pflegepferd! Stundenlanges Putzen, Zöpfe flechten, schöne Halfter und Decken – solange das Feuer-Pferd im Mittelpunkt der allgemeinen Aufmerksamkeit steht, ist es zufrieden. Deshalb sieht man es auch so häufig auf Turnierplätzen: Feuer-Pferde lieben die Aufmerksamkeit und den Applaus. Geht es an den Auftritt, dann fangen sie an zu strahlen. Und auch wenn sie ihre Dressurlektionen eher unsauber ausführen, stehen sie dann doch immer auf den ersten Rängen. Sie nehmen mit ihrer Ausstrahlung jeden Richter für sich ein.

Kreativität und Chaos sind beide im Feuer angelegt. Das heißt, dass Feuer-Pferde sich schnell langweilen. Es gibt nichts Schlimmeres für sie, als den ganzen Tag in einer Box eingesperrt zu sein. Sie entwickeln dann sehr häufig Verhaltensauffälligkeiten – vom Öffnen der Boxentür über Koppen, Lippenklappern, Zungenspielen, Manegenverhalten und andere. Sie sollten möglichst in einer Offenstallgruppe stehen, die durch eine Paddock-Trail-Anlage oder ähnliche Angebote zum Spielen und Erkunden einlädt, was von Feuer-Pferden mit ihrem ausgeprägten Spieltrieb und ihrem Talent, den „Klassenclown" zu spielen, um Aufmerksamkeit zu bekommen, gern genutzt wird.

Die nicht besonders ausgeprägte Fähigkeit zur Konzentration bedeutet auch, dass man das Training sehr abwechslungsreich gestalten muss. Wenn man zum zwanzigsten Mal die Dressurlektion wiederholt, damit sie endlich sitzt, hat man schnell ein mauliges Pferd. Stattdessen sollte man heute mal ausreiten gehen, morgen Clickertraining machen, übermorgen mal Dressur, dann wieder Cavalettiübungen, vielleicht einen Tag Handarbeit, zwischendurch mal wieder ins Gelände ... Je abwechslungsreicher das Training, umso zufriedener und motivierter ist das Feuer-Pferd. Man darf auf keinen Fall Perfektion in den Disziplinen erwarten. So eifrig das Feuer-Pferd bei der Sache ist und mitarbeitet, so schnell wird es einer Übung überdrüssig und will wieder etwas Neues machen.

Da Feuer-Pferde es lieben, im Mittelpunkt zu stehen, ist Lob und Bewunderung die beste Motivation. Sie sind so sensibel, dass sie ihrem Reiter jeden Wunsch von den Augen ablesen und oft in vorauseilendem Gehorsam diesen umsetzen, um gelobt zu werden. So reicht es oft, nur daran zu denken, dass man in der nächsten Ecke angaloppieren will, und schon springt das Pferd unter einem an. Man muss sich selbst gut unter Kontrolle haben und selbst sensibel sein, dann kann man diese Pferde tatsächlich nur mit Gedanken reiten. Bei Unter- oder Überforderung können sie aber kopflos werden, ebenso ertragen sie keinen groben Umgang, der ihrem sensiblen Wesen nicht gerecht wird. Wird das Feuer-Pferd immer wieder missverstanden und vielleicht in ein Trainingskonzept hineingezwungen, das ihm nicht gerecht wird, dann wird es in der Regel zum Steiger oder Durchgänger und häufig mit dem Stempel „unreitbar" abgeschoben. Der Unterschied zum unreitbaren Holz-Pferd liegt darin, dass das Holz-Pferd auch im wildesten Bocksprung immer weiß, was es tut. Es würde beispielsweise nie in die Hallenbande hineinrennen und sich selbst verletzen. Das Feuer-Pferd hingegen spürt sich nicht mehr, es würde in der Situation auch in den Hallenspiegel springen, in die Wand hineinrennen oder auf der Straße frontal ins Auto laufen.

Gesundheitsprobleme

Zum Funktionskreis des Feuers gehören nicht nur die Organe Herz und Dünndarm, sondern auch die Konzepte Dreifacher Erwärmer und Perikard, der in der Kinesiologie auch als Kreislauf/Sexus bezeichnet wird. Neben dem Herzen werden auch die Blutgefäße und die Durchblutung dem Feuer zugeordnet. Die Meridiane von Feuer und Wasser sind die wichtigsten im ganzen System und mit allen überlebenswichtigen Funktionen des Körpers verbunden. Das Yang des Feuers und das Yin des Wassers müssen immer in der Balance sein. Kommt es hier zur Disharmonie, können teilweise lebensbedrohliche Krankheitszustände entstehen.

Störungen des Herzens beziehungsweise des Kreislaufsystems werden beim Pferd selten direkt diagnostiziert. Indirekte Auswirkungen davon sieht man durchaus häufiger. Eine Herzinsuffizienz kann zu einer schlechten Durchblutung der Darmmuskulatur führen, was wiederum eine schwache Peristaltik, Verstopfungen, Aufgasungen bis hin zu Koliken („Kreislaufkolik") zur Folge haben kann, und zwar sowohl den Dünndarm als auch den Dickdarm betreffend. Auch chronisch hustende Pferde werden häufig nur auf Verschleimungen der Atemwege behandelt. Hier wird übersehen, dass es durch eine Herzproblematik auch zu Flüssigkeitsansammlungen in den Lungenbläschen kommen kann, was dann „Herzhusten" verursacht, den man oft bei älteren Pferden oder ehemaligen Sportpferden findet. Eine zu schwache Herzfunktion sorgt dafür, dass die Nieren nicht mehr ausreichend ihrer Ausscheidungsfunktion nachkommen können, was nicht nur Frühmarker für Nierenprobleme wie Haut-, Huf- und Fellsymptome mit sich bringen kann, sondern zu angelaufenen Beinen oder Lymphpolstern führen kann, wenn als Folge der Milzmeridian gestört wird. Man sieht, dass Disharmonien im Feuer weitreichende Auswirkungen auf andere Organsysteme haben.

Feuer-Pferde haben oft viel innere Hitze, sodass wärmende Maßnahmen eher als störend empfunden werden. Sie schwitzen schnell und neigen dazu, nach dem Trockenreiten später noch mal nachzuschwitzen. Durch ihren Hang zu Herz-Kreislauf-Problemen kann es aber vorkommen, dass sie unter Durchblutungsstörungen der Beine leiden. Daher sollte man immer die Temperatur der Gliedmaßen im Auge behalten, denn es kann zu „kalten Füßen" bei gleichzeitiger Hitze im Körper kommen, was unspezifische Lahmheiten mit sich bringen kann. Da die Ohren ebenfalls zum Element Feuer gehören, sollte man in diese Richtung auf Gesundheitsprobleme achten – von talgigen Auflagerungen in der Ohrmuschel bis zu Entzündungen des Gehörgangs oder Luftsackproblemen.

Pferd-Reiter-Harmonie

Feuer-Pferde brauchen Menschen, die ihnen ihre ungeteilte Aufmerksamkeit schenken. Sie wollen nicht ein Pferd von vielen sein, sondern das Einzige und – wenn möglich – der Mittelpunkt der Welt. Wer ein Feuer-Pferd besitzt, sollte sich darauf einstellen, viel Zeit mit Pflegen, Umsorgen und Verwöhnen zu verbringen. Sein Pferd wird es ihm mit Liebe und Fleiß danken. Bei Feuer-Pferden sind keine Diskussionen um den Chefposten notwendig, ebenso wenig muss man sie zur Arbeit antreiben. Sie wollen alles richtig machen, um Lob und positive Aufmerksamkeit zu bekommen. Im Gegenteil, man muss sie gelegentlich bremsen, denn sie neigen zu vorauseilendem Gehorsam und bieten oft zu viel von sich aus an, was Überforderung zur Folge haben kann.

Ein ausgeglichener Feuer-Reiter passt sehr gut zu einem Feuer-Pferd, denn er versteht seine sensible Natur und kann darauf eingehen. Außerdem lassen sich solche Reiter meist nicht vom „Auflodern" des Feuers verschrecken, sondern warten lachend ab, bis es gleich wieder vorbei ist. Ein unausgeglichener Feuer-Reiter hingegen kann gemeinsam mit einem Feuer-Pferd zu einer Gefahr für sich und alle anderen werden. Solche Kombinationen sollten unbedingt vermieden werden. Erde-Reiter passen sehr gut zu Feuer-Pferden, da sie die überschüssige Energie aufnehmen können. Die Erde kommt ein bisschen mehr in Schwung und das Feuer muss nicht auflodern. Solche Pferd-Reiter-Paare können sehr harmonisch sein, da viele Erde-Reiter gar nicht so viel reiten, sondern lieber gern pflegen und verwöhnen. Das können sie hier ausgiebig ausleben.

Der Metall-Reiter hingegen verzweifelt häufig an dem Feuer-Pferd. Zum einen liegt ihm nichts an sinnlosem „Rumtüddeln" am Pferd, wenn ein Trainingsplan abzuarbeiten ist. Zum anderen ist er viel zu ernst und korrekt, um die lustige, kreative Seite der Feuer-Pferde schätzen zu können. Dazu kommt, dass das Feuer das Metall kontrolliert, was für Metall-Reiter, die selbst gern alles unter Kontrolle haben, fast unerträglich ist. Die Unvorhersehbarkeit des Feuer-Verhaltens macht einen Metall-Reiter fast verrückt.

Die Kombination von Feuer-Pferd mit Wasser-Reiter geht selten gut. Nur wenn der Wasser-Reiter perfekt in Harmonie mit sich ist, kann ein solches Team wunderbar aussehen. Denn das Wasser kontrolliert das Feuer, sodass es nicht zum „Auflodern" kommt, und gleichzeitig bringt das Wasser die nötige Sensibilität mit, die das Feuer braucht. Ein unausgeglichener Wasser-Reiter wird mit seiner Angst dafür sorgen, dass das Feuer noch unkontrollierbarer wird, weil die notwendige Wasser-Energie fehlt. Auch ein Zuviel an Wasser ist hier problematisch; dann verlischt das Feuer und die Pferde verlieren ihren Glanz und ihre Ausstrahlung.

Holz-Reiter mit Feuer-Pferden sind keine gute Kombination, man sieht sie aber leider häufig auf Turnierplätzen. In seinem sportlichen Ehrgeiz sieht der Holz-Reiter oft nur die schöne Ausstrahlung und die fließenden, leichten Bewegungen des Feuer-Pferdes. Seine alberne, kreative Seite hingegen und das Bedürfnis nach Bewunderung und Pflege kann das Holz nicht nachvollziehen. Letzterem geht es allein um den sportlichen Leistungserfolg – dieser geht dem Feuer aber ab, sofern er nicht ohne Anstrengung erreicht und mit Aufmerksamkeit und Applaus gewürdigt wird. Für das Feuer soll alles Leichtigkeit sein.

Unausgeglichene Holz-Reiter sind oftmals grob und interpretieren das „Auflodern" des Feuers als einen Versuch, ihre Dominanz infrage zu stellen, der sofort und notfalls mit Gewalt unterdrückt werden muss. Von Gerte bis Schlaufzügel sieht man oft Maßnahmen, um das Pferd „gefügig" zu machen. Grober Umgang geht für ein Feuer-Pferd gar nicht und es kann bei einer solchen Behandlung zu einer Gefahr für sich und den Reiter werden. Während das Holz-Pferd auch in Momenten des Durchgehens immer klar im Kopf ist und genau abschätzen kann, ob es seinen Reiter auf dem Rücken behalten oder loswerden will, hat sich das Feuer-Pferd in solchen Momenten nicht mehr unter Kontrolle. Nicht selten sind schwere Unfälle die Folge.

Wer über ein plötzlich steigendes oder lospreschendes Pferd nicht lachen kann, sollte sich nie auf ein Feuer-Pferd setzen.

Beteiligte Meridiane

Das Element Feuer ist das einzige im Meridiansystem, dem nicht nur zwei, sondern vier Meridiane zugeordnet sind. Zum einen das Yin-Yang-Pärchen Herz und Dünndarm, zum anderen das Yin-Yang-Pärchen Dreifacher Erwärmer und Perikard (Kreislauf/Sexus). Sie alle verlaufen im Bereich von Vorhand, Brust und teilweise Kopf. Kommt es zu Blockierungen in der hinteren Körperhälfte, sei es durch ein blockiertes Gürtelgefäß oder durch Blockierungen in der Becken/Kreuzbein-Region, so folgt daraus häufig ein Energiestau in der vorderen Körperhälfte und damit in den Meridianen des Feuer-Elements. Nach der Chinesischen Medizin kontrolliert das Kreuzbein das Herz und das Herz den Verstand.

Herzmeridian

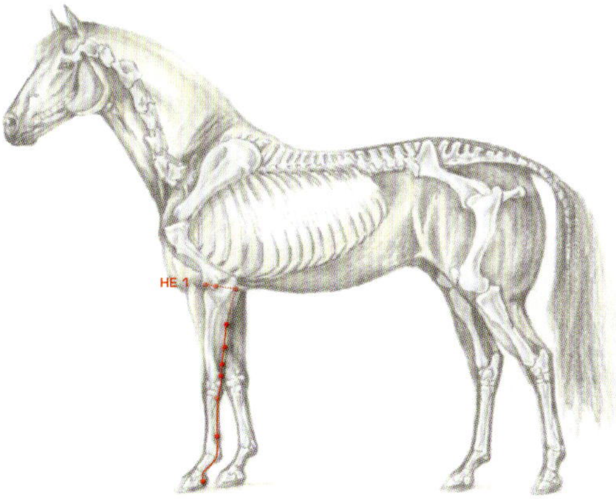

Dreifacher-Erwärmer-Meridian

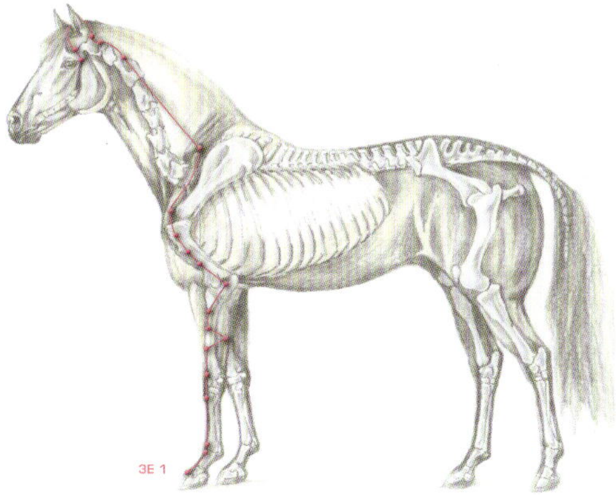

Dünndarmmeridian

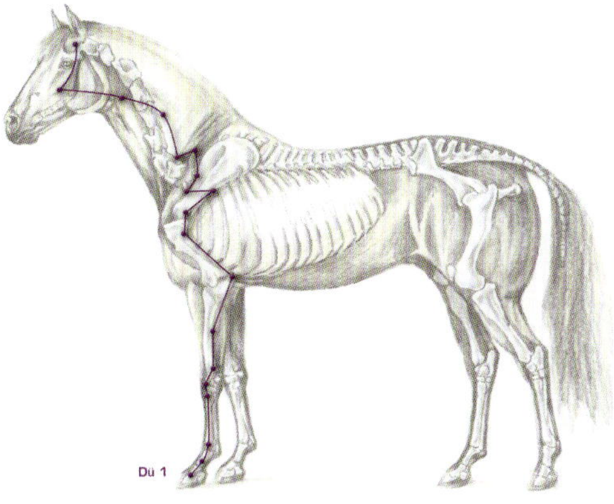

Kreislauf/Sexus-Meridian

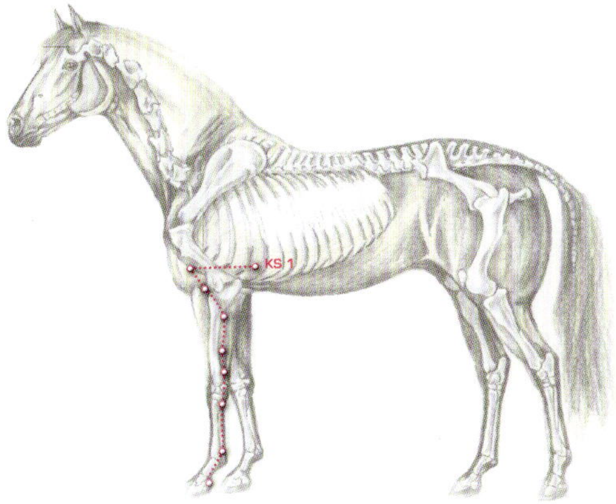

(Zeichnungen: Susanne Retsch-Amschler)

(Foto: Christiane Slawik)

Element Erde (Pí)

Das Milz-(Pí-)Pferd oder Der Gemütliche

Die Zeit der Erde ist die Zeit des Spätsommers, wenn die Energien anfangen, sich zusammen – zuziehen und die Sonnenstrahlen schon das Nahen des Herbstes erahnen lassen. Es ist die Zeit der Ernte, und Tiere und Menschen legen Nahrungsvorräte für den Winter an. Eine entsprechend große Rolle spielt Essen auch für Erde-Pferde. Während der Magen die Energie zwischenspeichert, die aus der Nahrung aufgenommen wird, repräsentiert die Milz die Mitte des Pferdes. Daher kennen wir aus dem Volksmund auch Begriffe wie „gut geerdet sein" oder „in der Mitte sein" – alle diese Sprüche passen direkt zum Erde-Pferd, denn es ist stets „geerdet und in seiner Mitte ruhend".

In der Erde werden alle Sinneseindrücke, die auf das Tier einstürmen, verarbeitet – seien es Informationen aus den Sinnesorganen, aber auch Gefühle und andere psychische wie physische Einflüsse. Deshalb schlägt eine Überflutung mit Reizen auch so oft auf den Magen. Stress oder nicht artgerechte Haltung können das Element Erde entsprechend aus der Balance bringen. In der Erde reifen durch Nachdenken große Ideen und hier formt sich auch die Meinung. Nicht ohne Grund ist jemand, der seine Meinung vertritt, „geerdet" und „standfest". Auch Erde-Pferde können ausgesprochen „standfest" werden, wenn ihrer Meinung nach jetzt ein anderes Programm dran ist, als sich das der Mensch für heute ausgedacht hat. Und ein Erde-Pferd schiebt man nicht so leicht von der Stelle!

Das Element Metall ist dafür zuständig, Kontakte mit anderen Lebewesen zu knüpfen. Aber in der Erde reifen diese Kontakte zu Beziehungen und Freundschaften. Ein Pferd, das sich nicht auf seinen Menschen einlassen kann oder das in der Herde fortwährend Außenseiter ist und nie „Freunde" findet, eines, das immer lieber allein steht, als mit anderen Kontakt zu haben, kann eine deutliche Störung des Erde-Elements haben, die psychisch-traumatischen Ursprungs sein kann. Umgekehrt kann man auch bei Pferden beobachten, dass sie

Je zuckerärmer das Gras oder Heu ist, desto besser ist es für das leichtfuttrige Erde-Pferd. (Foto: Christiane Slawik)

nicht mehr (ausreichend) fressen und abnehmen, wenn ein geliebter Freund oder Partner plötzlich auszieht oder überraschend verstirbt. Die Trauer über diese gekappte Beziehung schwächt die Erde und schlägt im wahrsten Sinne auf den Magen.

Körperliche Eigenschaften

Pferde im Erde-Typ fallen immer dadurch auf, dass sie stets gut genährt aussehen – auch wenn sie eigentlich schon zu dünn sind. Gleichzeitig neigen sie sehr zu Übergewicht, sie gehören zu der Fraktion der „Leichtfuttrigen" im Stall, die das Heu nur anschauen müssen, um schon ein paar Pfund mehr auf den Rippen zu haben. Entsprechend gehören typischerweise die Kaltblutrassen zu den Vertretern des Erde-Typs, aber auch die Pferde, die man ursprünglich unter dem Begriff des „kleinen" oder „leichten" Kaltbluts geführt hat, wie beispielsweise den Tinker, Haflinger oder Freiberger vom alten Schlag. Aber auch viele Barockpferderassen, die noch im ursprünglichen Typ sind und nicht in den modernen „Sportpferdetyp" reingezüchtet wurden, gehören dazu, wie der Friese oder der ursprüngliche Spanier.

Natürlich ist nicht jedes Kaltblut ein Erde-Pferd, und umgekehrt findet man unter Vollblütern hier oder da einen Erde-Vertreter. Man findet grundsätzlich in jeder Rasse Vertreter aller Elemente, es gibt nur besondere Ausprägungen in manchen Rassen oder Zuchtschlägen. Durch moderne Zuchtkriterien kommt es immer mehr zu Vermischungen. Aber die alten Typen sind noch erkennbar. „Kaltblütige" Pferde sind im Gegensatz zu den „heiß- oder vollblütigen" Pferden nie für das Paradieren und Präsentieren gezüchtet worden, das dem Feuer besonders entgegenkommt. Sie waren immer Arbeitstiere, die schwere Wagen ziehen oder große Lasten tragen mussten, und das in langsamem Tempo, aber mit großer Ausdauer. Gleichzeitig sollten sie im Futter genügsam sein und möglichst von dem leben, was am Wegesrand wächst. Hier ist ein Erde-Pferd der ideale Kandidat, weil es alle Eigenschaften in sich vereint: einen stabilen Körperbau, große Ausdauer in langsamem Tempo und genügsames Futterverhalten.

Allen Erde-Pferden ist gemein, dass sie schnelle Bewegung nicht besonders schätzen. Sie bewegen sich, aber nicht mehr als notwendig. Als Besitzer eines Erde-Pferdes stellt man immer wieder fest, dass sie fleißiger werden, je länger sie laufen. Sie sind die idealen Kameraden fürs Wanderreiten: lange Strecken im Schritt, hier und da mal ein kleiner Trab. Man sollte aber vermeiden, die Erde aus der Balance zu bringen. Wenn sie einmal in „Wallung" gerät, dann hält sie so schnell nichts mehr auf. Ein durchgehendes Kaltblut hat das Zerstörungspotenzial eines Erdrutsches! Deshalb ist es auch so fatal, Pferde aus dem Feuer-Typ wie die Araber mit typischen Erde-Pferden wie Freibergern oder Haflingern zu kreuzen. Man erhält ein Pferd mit dem schnell auflodernden Feuer-Charakter, das leicht mal durchgeht, sich aber leider – aufgrund seines Erde-Anteils –auch nicht mehr bremsen lässt.

Ihre „große Gurtentiefe" verdanken die Erde-Pferde der Tatsache, dass nicht nur Fressen ihre absolute Lieblingsbeschäftigung ist, sondern dass sie auch aus dem magersten Futter noch jede Menge Kalorien gewinnen können. Was ihnen als Arbeitstiere in der Hand des Menschen über Jahrtausende genützt hat, wird ihnen bei heutigen Haltungsbedingungen zum Verhängnis. Reichhaltiges Heu mit gleichzeitig nur mäßiger Bewegung als Freizeitpferd lassen diese Pferde schnell übermäßig an Gewicht zulegen. Dabei findet man beide Typen, sowohl diejenigen, die zu Fetteinlagerungen neigen (EMS), als auch die Kandidaten, die Lympheinlagerungen zeigen (Pseudo-EMS).

Auffallend ist bei Pferden im Erde-Typ, dass sie häufig eine große und entspannte Unterlippe haben. Werden sie geputzt, massiert oder sind aus anderen Gründen tief entspannt, dann hängt sie oft hinunter, und die Pferde reagieren auch nicht, wenn man an dieser „Hängelippe" herumspielt. Sie sind im Maulbereich das ganze Gegenteil von Holz-Pferden, die oft um das Maul herum verkniffen aussehen und wo das höchste Zeichen der Entspannung vielleicht ist, dass die Unterlippe mal nicht faltig gekräuselt ist oder etwas zittert, als würden sie gern kauen oder gähnen, können sich aber nicht überwinden, ihre Muskelspannung aufzugeben. Die Zunge der Erde-Pferde ist meist auffallend groß. Hebt man ihre Lippe seitlich an, so erscheint es oft, als würde die Zunge aus der Lade regelrecht herausquellen, und man fragt sich, wie eine so große Zunge im Maul genug Platz hat. Entsprechend sieht man sie manchmal mit leicht heraushängender Zunge dösen. Eine solche große, teigige Zunge ist immer ein Zeichen für zu viel Zucker in der Fütterung und damit ein Ungleichgewicht in der Erde.

Dieses Symptom sollte man unbedingt ernst nehmen, bevor es zu Stoffwechselproblemen wie Insulinresistenz kommt.

Viele Erde-Pferde schlecken gern an einem herum, und das eher aus Wohlbefinden, als dass man das Gefühl hätte, dieses Schlecken würde von einem Mangel oder einem Magengeschwür verursacht. Häufig lieben sie es auch, einem die Zunge in die Hand zu strecken, sodass man sie knetend massieren kann. Ein Wasser-Pferd würde so etwas nie tun. Sie hassen es, wenn man ihre Zunge anfassen will, und man hat das Gefühl, als könnten sie diese bis in den Hals zurückziehen. Beim Erde-Pferd ist dagegen alles entspannt und weich. Sie haben zwar eine ausgeprägte Muskulatur, sehen aber nie sportlich aus wie ein Holz-Pferd. Ihre Muskulatur ist im Gegensatz zum Holz-Pferd nicht unter ständiger Anspannung. Sie hat eine gute Konsistenz, ist aber eher entspannt.

Den kräftigen Körperbau verdanken Erde-Pferde unterschiedlichen Faktoren: Sie haben häufig ein sehr stabiles Knochengerüst mit einer breiten Brust. Darüber hinaus bringen sie von Natur aus eine ausgeprägte Muskulatur mit und haben oft einen ausgeprägten Hals und eine kräftige Kruppe, auch wenn sie nicht gearbeitet werden. Als letzter Punkt: Sie neigen zu Übergewicht.

Charaktereigenschaften

Erde-Pferde sind nicht schnell – weder körperlich noch geistig. Dabei sind sie aber nicht dumm. Sie sehen nur keinen Grund darin, sich über das erforderliche Mindestmaß hinaus anzustrengen. Diese Gemütsruhe wird leider häufig fehlinterpretiert. Viele Reiter schauen von ihrem gemütlichen Erde-Pferd aus neidisch auf die Feuer- oder Holz-Pferde, die sich mühelos und flink bewegen und offensichtlich schnell lernen. Dann wird das eigene Erde-Pferd schnell als fett, faul und dumm hingestellt. Es wird übersehen, dass in dieser Ruhe die eigentliche Kraft der Erde liegt. Wenn man mit einem Pferd einen Alpenpfad entlangbalanciert oder querfeldein im Wald unterwegs ist, möchte man weder einen Kandidaten, der wie ein Holz-Pferd in dem Moment mit dem Reiter die übliche Diskussion um die Chefposition anfängt, noch braucht man ein Feuer-Pferd, das plötzlich entscheidet, jetzt mal kurz durchzudrehen. Erde-Pferde sind absolute Verlasspferde, die sich jeden Schritt genau überlegen, bevor sie ihn tun und vielleicht hinterher bereuen. Sie sind die Lebensversicherung in jedem Gelände.

Auch wenn das Erde-Pferd sich mit Lektionen etwas schwerer tut, bis es sie verstanden hat, und dann auch den Körper so koordiniert bekommt, dass das Ganze klappt – was sie einmal gelernt haben, das vergessen sie so schnell nicht wieder. Gelerntes Wissen ist auch nach Jahren immer wieder problemlos abrufbar. Daher findet man sie auf Turnierplätzen, aber häufig in den unteren Klassen, wo die Reitanfänger und -schüler ihre ersten Turniererfahrungen sammeln. Ihnen sind sie in der Aufregung ein verlässlicher und geduldiger Partner. Ihr liebenswürdiges, geduldiges Wesen macht sie nämlich zu den perfekten Pferden für Anfänger, ängstliche Reiter und Reitschulen. Sie geben dem ängstlichen Reiter die notwendige Sicherheit, weil sie auf ihn aufpassen und keinen falschen Schritt tun – die ruhige und starke Erde kontrolliert die Angst des Wassers! Gleichzeitig verzeihen sie ihrem Reiter immer seine Fehler und sind bereit, mit ihm die Lektion auch geduldig wieder und wieder zu üben, bis er sie gelernt

Erde-Pferde bewegen sich langsam, aber stetig, ohne zu ermüden. Sie sind genügsam und zuverlässig: Die idealen Partner für Wanderritte und lange Ausritte.

(Foto: Christiane Slawik)

Erde-Pferde werden gerne im Offenstall gehalten, aber sie sind empfindlich wenn es kalt oder nass ist. Sie sollten auf jeden Fall einen windgeschützten Unterstand zur Verfügung haben. (Foto: Christiane Slawik)

hat. Die gleiche Geduld und Ausdauer, die man bei ihrer Ausbildung haben muss, zeigen sie auch gegenüber ihren Reitern. Wenn sie dann noch ein Leckerli für die gute Arbeit bekommen, machen sie sie gleich doppelt so gern – natürlich nur gegen doppelt so viele Leckerli. Während man das Feuer-Pferd am meisten mit Lob und Bewunderung anspornt, ist das Erde-Pferd für alles zu haben, solange es dafür etwas zu fressen gibt.

Erde-Pferde haben zwar einen gewissen Hang zur Faulheit und Sturköpfigkeit – besonders wenn es um ihr Fressen geht. Aber in der Erde ruhen auch Mitgefühl und Verständnis. Sie sind oft sehr weise Tiere, die nicht mehr von der Hitzköpfigkeit des Holzes oder Feuers regiert werden, sondern sehr nachdenklich auf die Welt schauen und teilweise einen sehr verschmitzten Humor an den Tag legen können. Werden sie aber missverstanden und immer wieder grob behandelt, so ziehen sie sich zurück. Sie werden dann immer phlegmatischer und irgendwann tatsächlich ausgesprochen stur.

Solange sie ausreichend versorgt werden – und das heißt beim Erde-Pferd in erster Linie mal mit Futter –, sind sie ausgeglichene, freundliche Pferde, die sich ideal für eine Gruppenhaltung eignen. Sie sind in der Gruppe der ruhige Pol, der auch die hitzköpfigen, emotionalen Elemente wie Holz und Feuer wieder runterbringt. Ein Erde-Pferd in einer Gruppe von Arabern oder anderen Vollblütern bringt die ganze Gruppe zu mehr Entspannung und Ruhe. Das kann sich aber schlagartig ändern, wenn man ein Erde-Pferd auf „Diät" setzt, um das Gewicht besser zu regulieren. Futterreduktion oder -entzug ist für ein Erde-Pferd die größte Strafe! Es kann dann launisch und aggressiv den anderen Pferden gegenüber werden und ausgesprochen stur unter dem Reiter, sobald es irgendwo einen Grashalm sichtet.

Gesundheitsprobleme

Die Milz ist nach der Chinesischen Medizin ein „Klärer der Körpersäfte". Sie ist ein wichtiger Entgifter für Blut und Lymphe und gleichzeitig Speicher für die „Bauenergie", also diejenige Energie, die für Wachstum und Regeneration benötigt wird. Das Element Erde leidet am meisten unter falscher Fütterung – egal ob zu viel, zu wenig oder die falschen Futtermittel gegeben werden. Zuckerhaltige Futtermittel führen zu nachhaltigem Ungleichgewicht. Insulinresistenz, Hufrehe und EMS sind oft die unschöne Folge.

Die Milz ist auch dafür zuständig, Blut und Lymphe in ihren Bahnen zu halten, und bestimmt die Körperfülle. Ein zu fettes oder ein lymphatisch aufgeschwemmtes Pferd leidet ebenso unter einer Störung im Element Erde wie ein zu mageres Pferd. Häufig findet man unter Erde-Pferden nicht nur die übermäßige Fetteinlagerung, sondern vor allem das Versacken von Lymphe im Gewebe. Einige reagieren mit angelaufenen Beinen, andere zeigen die Lymphpolster am Halskamm und an den Flanken sowie bei Wallachen eine angeschwollene Schlauchtasche oder bei Stuten Bauchödeme vor dem Euter. Generell haben Erde-Pferde meist keine „trockenen" Beine, sondern die Konturen, insbesondere im Bereich des Fesselgelenks und der Sprunggelenke, wirken meist etwas undefiniert und leicht schwammig, ohne dass sie unbedingt richtig anschwellen müssen. Zum Element Erde gehört das Bindegewebe, das wir nicht nur als Faszien überall im Körper finden, sondern dem auch Sehnen, Bänder und Gelenkkapseln zugeordnet werden. Daher findet man oft den Ausdruck der aus der Balance geratenen Erde.

Erde-Pferde sehen zwar immer dick gepolstert aus, aber sie frösteln schnell, insbesondere bei nasskaltem oder windigem Wetter. Hier passieren in der Haltung die meisten Fehler. Weil sie robust und genügsam sind, werden sie oft in Offenställen gehalten, in denen sie nicht genügend Schutz vor dem Wetter bekommen – sei es durch Überfüllung, durch zu kleine Schutzhütten oder weil sie Streit eher aus dem Weg gehen und dann im Regen stehen, statt um einen Platz im Trockenen zu kämpfen. Wenn sie auskühlen, neigen sie aber schnell dazu, rheumatische oder arthrotische Beschwerden zu entwickeln. Dann findet man die arthrotischen Probleme am Kniegelenk, denn der zur Erde gehörende Magenmeridian ist der große Energieversorger des Knies. Chronische Backenzahnprobleme können ihren Ursprung in einer gestörten Erde haben.

Hat man ein Erde-Pferd als Reitpferd, dann stellt man immer wieder fest, dass es zum Ende der Reitstunde fleißig wird. Das ist eine der Grundeigenschaften der Erde: Sie braucht

Bewegung, um in Bewegung zu kommen. Daher ist auch die Offenstallhaltung – idealerweise als Paddock Trail mit vielen Fressstationen als Bewegungsanreiz – ideal für solche Pferde. Sie müssen regelmäßig und lange bewegt werden mit langen Aufwärmphasen. Daher eignen sie sich besonders für Wanderritte oder Reitschulen, wo sie mehrere Stunden pro Tag laufen, aber nie zu schnelles Tempo von ihnen verlangt wird. Werden sie ausreichend bewegt, danken sie es einem nicht nur mit einem gut funktionierenden Gelenksystem und einem verbesserten Lymphabfluss, sondern es fällt auch viel leichter, ihr Gewicht zu halten, trotz ständigem Raufutterzugang. Ein Erde-Pferd sollte nie nur herumstehen!

Pferd-Reiter-Harmonie

Das Erde-Pferd kommt von sich aus mit fast allen Reitern zurecht, ist es doch mit den charakterlichen Eigenschaften der verschiedenen Typen sehr geduldig. Nur umgekehrt klappt das nicht immer. Ein Holz-Reiter ist eigentlich eine gute Kombination, denn das emotionale Holz kontrolliert das Phlegma der Erde. So kommt das Pferd ganz gut in Schwung und der Reiter hat eine Aufgabe. Da Holz-Reiter aber oft sehr ambitioniert sind, ist den meisten das Erde-Pferd schlicht zu langweilig und zu mühsam. Ähnliches gilt für Feuer-Reiter. Sie können ihre überschüssige Energie gut zur Erde ableiten, was diese zu mehr Bewegung motiviert, sodass beide sehr schön ausgeglichen sein können. Aber auch hier ist der Feuer-Reiter meist viel zu sprunghaft, um langfristig mit einem Erde-Pferd glücklich zu werden. Beobachtet man Teams aus Erde-Pferd mit Erde-Reiter, so hat man oft den Eindruck, dass sie beim Laufen immer langsamer werden. Wenn beide nicht in der Balance sind, kann sich so eine Kombination zu einem ausgesprochenen Phlegma entwickeln. Sind beide ausgeglichen, kann ein solches Gespann gut funktionieren, weil sie sich beide keinen Stress machen und die Kraft in der Ruhe finden. Ein Metall-Reiter verzweifelt oft an der Langsamkeit des Erde-Verstandes. Er erwartet von seinem Pferd meist denselben Perfektionismus und die geistige Beweglichkeit, die er selbst hat, und ein Pferd, das dann nur „Dienst nach Vorschrift" macht, ist für einen solchen Reiter oft sehr bemühend. Der Wasser-Reiter hingegen findet im Erde-Pferd den perfekten Partner. Da die Ruhe und Kraft der Erde die Angst des Wasser kontrolliert, fühlen sich auch die unsichersten Reiter auf einem Erde-Pferd meist sicher wie auf einem Sofa. Solche Pferd-Reiter-Teams können sehr schön und harmonisch miteinander unterwegs sein.

Interessanterweise beobachtet man immer wieder, dass viele Reiter in ihrer Jugend die Erde-Pferde als langweilig abtun. Ist man selbst noch im Alter von Holz oder Feuer, dann können die Pferde gar nicht verrückt genug sein und jedes „unreitbare" Pferd ist eine spannende Herausforderung. Je älter solche Reiter aber werden, je weiter sie also selbst in ihr Erde-Alter kommen, desto weniger interessant werden meist die „wilden" Pferde und umso attraktiver erscheinen die gemütlichen Erde-Kumpel. Und jenseits der vierzig ist ein verlässliches Erde-Pferd, mit dem man nach einem stressigen Tag im Büro gemütlich durchs Gelände schaukeln kann, auf einmal gar nicht mehr so unattraktiv.

Beteiligte Meridiane

Magenmeridian

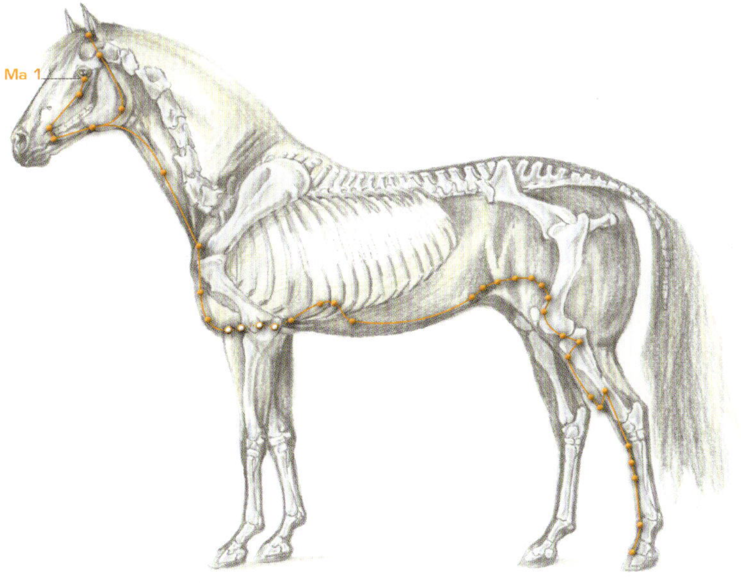

Milz-Pankreas-Meridian

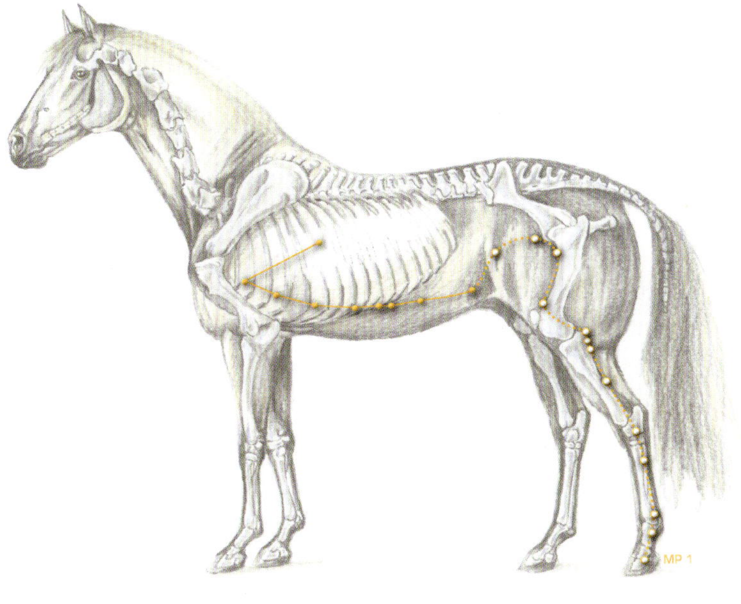

(Zeichnungen: Susanne Retsch-Amschler)

(Foto: Christiane Slawik)

Element Metall (Fei)

Das Lungen-(Fei-)Pferd oder Der Pedant

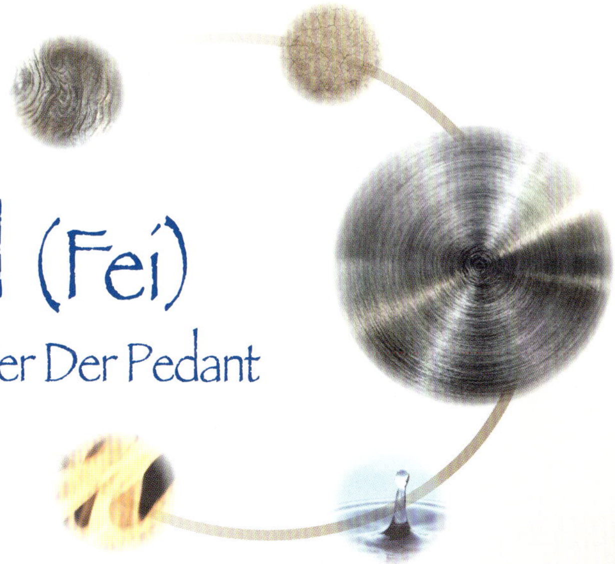

Die Wandlungsphase Metall durchläuft ein Lebewesen nicht nur jedes Jahr im Herbst, sondern auch im Herbst seines Lebens, wenn die Energien anfangen, sich zurückzuziehen. Die überschwängliche Emotionalität von Holz und Feuer liegen lange zurück, in der Erde sind die Energien zur Ruhe gekommen und im Metall werden sie jetzt verfestigt. Es ist ein Element, das Klarheit schafft und sehr selbstreflektiert ist – so wie das Metall auch das Licht oder unser Spiegelbild reflektieren kann. Dem Metall ist auch der berüchtigte „Altersstarrsinn" zu eigen, den man bei vielen Pferden im Metall-Typ besonders ausgeprägt beobachten kann, wenn sie in die Jahre kommen. Die Fähigkeit des Metalls zu reflektieren, wird auch im übertragenen Sinne wirksam, nämlich in der Form des gerichteten, intellektuellen Denkens. Häufig hört man von Besitzern solcher Metall-Pferde die Aussage: „Mein Pferd ist ein Professor" – womit sie genau dieses analytische, intellektuelle Wesen des Metalls beschreiben.

Die Energie des Metalls hilft einem Lebewesen, Verbindungen zu knüpfen und auch wieder loszulassen. Damit ist dieses Element essenziell an jeder Veränderung im Leben eines Pferdes beteiligt. Ob es ein Verkauf ist, ein Stallwechsel oder nur ein Ab- oder Neuzugang in der Gruppe – das Metall liefert die Energie, mit diesen Veränderungen umzugehen und zum neuen Pferd eine Bindung zu knüpfen oder die zu dem Pferd, das ausgezogen ist, auch aufzulösen. Nicht ohne Grund reagieren viele Pferde auf Veränderungen in der Herde oder auf Stallwechsel mit Atemwegserkrankungen.

Nach der Chinesischen Medizin hat im Funktionskreis der Lunge die rhythmische Ordnung ihren Ursprung. Das erklärt viel über das Metall-Element, denn Routine, feste Pläne und Ordnung sind essenzielle Bestandteile dieses Elements. Der Funktionskreis der Lunge umfasst nach Auffassung der Chinesischen Medizin dabei viel mehr als nur die Atemwege und die Atemfunktion. Er hat darüber hinaus eine enge Beziehung mit der ganzen Körperoberfläche (dem Atmungsorgan Haut) und spielt damit auch eine wesentliche Rolle bei der Immunabwehr sowie in der Fellbildung. Das Metall-Pferd ist auch anfällig nicht nur für alle klimatischen Widrigkeiten, die auf die Haut und die Atemwegsorgane treffen, wie feuchte Kälte oder Wind, sondern auch für Dysbalancen in allen rhythmischen Vorgängen. Ein gestörter Schlaf-wach-Rhythmus, unregelmäßige Tagesabläufe, in denen der Reiter mal früh und mal spät und mal auch gar nicht kommt, oder eine Stallroutine, in der nur unregelmäßig gefüttert wird, schwächen das Element Metall und können in Folge zu Erkrankungen der Haut oder der Atemwegsorgane führen.

Körperliche Eigenschaften

Das Metall-Pferd ist in seiner Erscheinung das genaue Gegenteil vom Feuer. Während das Letztere immer ein „Hingucker" ist, ist ein Metall-Pferd eher ein „Weggucker". Sie sehen zwar nicht schlecht oder krank aus, aber eben auch nicht beeindruckend wie ein Holz- oder ein Feuer-Pferd. Sie wirken oft etwas kantig oder grobknochig, ohne dabei dünn zu sein. Fell, Mähne und Schweif sind eher unspektakulär, wobei sie vom Aussehen her nicht auf Krankheit schließen lassen. Es scheint einfach alles an ihnen eher auf Funktionalität als auf Schönheit ausgelegt zu sein.

Interessant ist die Beobachtung, dass diese Pferde oft unter einem guten Reiter schöner werden. Es passiert nicht selten, dass man dasselbe Pferd auf dem Auslauf noch als „Na ja, ist eben ein Pferd" betrachtet hat, und wenn man es eine halbe Stunde später unter dem Reiter sieht, muss man zweimal hinschauen, um sicher zu sein, dass es dasselbe Pferd ist. Seine Ausstrahlung gewinnt, wenn es in seinem Element ist und das tun darf, was es am besten kann. Dazu gehört es, unter dem Sattel oder auch an der Hand perfekt die Lektionen auszuführen, die es gelernt hat und die der Reiter gerade von ihm verlangt.

Metall-Pferde reagieren sehr empfindlich auf feuchte Kälte und können dann zu frösteln beginnen. Da ihre Fähigkeit, ein Winterfell auszubilden, häufig im Verhältnis zu anderen Vertretern ihrer Rasse eher mäßig ausgeprägt ist, sind sie bei nasskaltem Wetter doppelt geplagt: Sie neigen nicht nur von ihrem Element her dazu, innerlich eher kühl zu sein, sondern das dünne Fell lässt auch noch die feuchte Kälte von außen in den Körper einziehen. Es sind die Pferde, die in der kalten Jahreszeit sehr dankbar sind für eine Thermodecke oder eine Decke aus Keramikfasern, um gerade über Nacht nicht völlig auszukühlen.

Oft kommt ein Teil des Unbehagens in der Gegenwart dieser Pferde aber weniger von ihrem Aussehen als vielmehr von ihrem Charakter. Menschen fühlen sich von diesen Pferden häufig beobachtet und regelrecht analysiert. Sie sorgen bei manch einem für Unbehagen, weil man das Gefühl hat, dass das Metall-Pferd einen durch bloßes Anschauen besser „durch-schaut", als einem lieb ist.

Charaktereigenschaften

Das Metall-Pferd wirkt von seinem Wesen her stets etwas distanziert und unemotional. Wer auf demonstrative Zuneigungsbekundungen seines Pferdes Wert legt, wer gern pflegt, putzt und mit seinem Pferd kuschelt und schmust, ist mit einem Metall-Pferd falsch beraten. Sie schätzen es weder, wenn man ihnen Zöpfe verpasst – außer zum Turnier, denn dort gehört es

Metall-Typen sind die Perfektionisten unter den Pferden. Sie lieben ihre festen Routinen: vom Tagesablauf bis zum Trainingsprogramm sollte nichts Unvorhergesehenes dazwischen kommen.

(Foto: Christiane Slawik)

zu ihrem „Job" –, noch legen sie Wert auf besonders hübsche Ausrüstung. Ein Metall-Pferd in rosa Glitzerdecke mit Strasssteinchen schämt sich in Grund und Boden! Wer gern sein Pferd auf solche Weise verwöhnt, der sollte sich eher ein Feuer-Pferd zulegen, denn dieses wird voll darin aufgehen, im Mittelpunkt der Aufmerksamkeit zu stehen und hübsch zurechtgemacht zu werden.

Metall-Pferde sind eher nüchterne Charaktere, denen es auch im Umgang mit ihnen darauf ankommt, dass der Mensch professionell und funktional ist. Sie haben einen ausgeprägten Gerechtigkeitssinn und können auf ungerechte Bestrafungen ausgesprochen nachtragend reagieren. Dabei neigt das Metall stets zu sehr starren Maßstäben und einer gewissen Zwanghaftigkeit, was dann prominent wird, wenn die Pferde älter werden und auch vom Lebensalter her in die Zeit des Metalls kommen. Hier ist der „Altersstarrsinn" schon in jüngeren Jahren keine Seltenheit. Metall-Pferde lieben die Routine. Alles Unvorhergesehene erzeugt Stress und führt dann meist auch zu schlechten Ergebnissen.

Ihr Hang zum Perfektionismus macht sie zu den idealen Dressurpferden. Ein solches Pferd wird die Lektion so oft wiederholen, bis sie absolut perfekt sitzt. Dennoch wird es auf Turnieren oft nicht entsprechend seiner tatsächlichen Leistung gewertet, da Metall-Pferde leider von ihrer Persönlichkeit her keine „Showhorses" sind. Während das Feuer-Pferd mit seiner Ausstrahlung fast jeden Richter blendet, egal, wie korrekt es geritten ist, und das Holz-Pferd sich durch seinen athletischen Körper über viele unsauber gerittene Lektionen „drüberschummeln" kann, ist das Metall-Pferd zwar perfekt in der Ausführung, aber eben kein „Blender".

Denselben Perfektionismus, den das Metall-Pferd selbst an den Tag legt, verlangt es auch von seiner Umgebung. Dabei ist es gleich, ob es um die genaue Einhaltung der Tagesroutine geht oder um die gemeinsame Arbeit. Mit das Schlimmste, was einem Pferd im Metall-Typ passieren kann, ist, wenn es am Ende seiner Turnierlaufbahn an einen Anfänger verkauft wird, der mit ihm seine ersten Turniererfahrungen machen soll. Solche Pferde werden oft innerhalb kurzer Zeit schwer depressiv, weil ihr Reiter ihnen in keiner Weise ebenbürtig ist. Sie funktionieren meist trotzdem auf Turnieren wie ein Uhrwerk, erledigen aber ihre Aufgabe ohne jede Freude.

Metall-Pferde sind immer die Profis unter den Arbeitspferden. Sie arbeiten stets loyal mit und geben ihr Bestes, ohne über die Chefposition zu diskutieren wie ein Holz-Pferd oder sich vor allem Fremden zu fürchten wie ein Wasser-Pferd. Pferde im Metall-Typ sind in ihren Reaktionen immer berechenbar und dadurch ein sicherer Partner im Gelände, wenn auch aus anderen Gründen als das Erde-Pferd. Pferde im Erde-Typ überlegen sich zweimal, erschrocken durchzugehen, weil das viel zu anstrengend ist. Es kostet zu viel Energie; Metall-Pferde zucken meist beim Schreck nur zusammen, beäugen und analysieren die Situation und entscheiden dann darüber, wie sie reagieren. Auch beim Davonrennen wissen Metall-Pferde immer genau, was sie tun, und achten darauf, ihren Reiter dabei auch nicht zu verlieren.

Das Element Metall ist dasjenige, das bei Imbalancen am stärksten mit Depression reagiert, denn die Emotion, die dem Metall zugeordnet ist, ist die Trauer. Solche Pferde werden von ihrem Verhalten her komplett introvertiert, und man hat oft bei einem Blick in ihr Auge das Gefühl, als ob sie gar nicht mehr in ihrem Körper anwesend wären. Das Feuer kontrolliert das Metall, die Freude kontrolliert also die Trauer, das Herz kontrolliert den Verstand!

Das Metall-Pferd wiederholt gern Übungen immer und immer wieder. Vor allem ambitionierte Reiter finden in ihm einen zuverlässigen Reitpartner, sofern sie dieselbe Disziplin aufbringen wie ihr Pferd. (Foto: Christiane Slawik)

Gesundheitsprobleme

Stört man die Lungenenergie, führt das nach der Chinesischen Medizin zu Erkrankungen der Schulter und des Rückens. Schaut man sich in unseren Ställen die wachsende Anzahl chronisch hustender Pferde an, so gibt es kaum eines unter ihnen, das nicht gleichzeitig stark vorhandlastig läuft und langfristig Überlastungslahmheiten zeigt. Auch Rückenbeschwerden, die selbst nach osteopathischer Behandlung sich nicht dauerhaft bessern, sind bei diesen Pferden stark verbreitet. Durch die vorhandlastige Bewegung wird häufig der Lungenfunktionskreis noch weiter gestört, sodass ein Teufelskreis entsteht, der nicht selten in einer Kombination aus chronischem Husten und überlastungsbedingtem Hufrollensyndrom endet.

Pferde im Metall-Typ neigen zu trockenen Atemwegsschleimhäuten, was sie anfällig nicht nur für Infekte oder Atemwegsallergien macht, sondern auch für Reizhusten. Oft sprechen diese auch nicht ausreichend auf die normalen Hustentherapien an. Das Qi, also die

Energie, wird über die Lungen aufgenommen und in die Nieren weitergeleitet. Die Lunge ist nach dem Verständnis der Chinesischen Medizin dafür verantwortlich, nicht nur die Haut, sondern auch das Haar zu bilden, die beide wiederum stark mit der Funktion der Nieren zusammenhängen. Daher sollte man bei Haut- und Fellproblemen immer sowohl an den Funktionskreis Metall als auch Wasser denken.

Pferde im Metall-Typ fallen häufig dadurch auf, dass Mähne und Schweif – im Verhältnis zu ihrer Rasse – eher dürftig ausgeprägt sind und sie auch Probleme haben, ein ausreichend dickes Winterfell zu bilden. Ihre Haut neigt zu Trockenheit und Juckreiz, was nicht unbedingt mit Ekzemen einhergehen muss. Sie profitieren sehr davon, wenn man ihnen regelmäßig Ölsaaten wie Sonnenblumenkerne oder Leinsamen zufüttert für eine bessere Hautfettung, vor allem während des Herbstfellwechsels, also in der Metall-Jahreszeit. Da der Dickdarm als Organ neben der Lunge ebenfalls mit zum Element Metall gehört, findet man häufig Störungen wie Neigung zu Verstopfung, trockenem Kot oder Kolik, Durchfall oder Kotwasser. Diese Erkrankungen sind recht resistent gegen die üblichen Therapiemaßnahmen.

Pferd-Reiter-Harmonie

Es ist recht mühsam und dauert lange, eine Vertrauensbeziehung zu einem Metall-Pferd aufzubauen. Metall-Pferde erwarten von ihrem Reiter das, was sie selbst bieten: Respekt und fairen Umgang, Fleiß und Perfektion und ein ständiges Streben, weiterzukommen. Ein ungeschickter oder schlechter Reiter ist ebenso schlecht geeignet wie ein Anfängerreiter für ein ausgebildetes Metall-Pferd. Ein Metall-Pferd weiß einen Reiter im Metall-Element ausgesprochen zu schätzen, denn beide lieben die exakte Routine, neigen zum selben Perfektionismus und erfreuen sich an einer nüchternen, professionellen Beziehung. Auch ein Holz-Reiter kann gut harmonieren mit einem Metall-Pferd, da das Metall die überschießenden Emotionen des Holzes im Zaum hält und beide sportlich ehrgeizig vorankommen können. In der Regel ist die Kombination mit einem Erde-Reiter gut, der nicht nur die Geduld mitbringt, um eine Beziehung aufzubauen, sondern dasselbe Bedürfnis nach Routine teilt.

Problematisch kann die Kombination mit einem unausgeglichenen Wasser-Reiter werden, das hängt aber vom sportlichen Ehrgeiz und vom Ausbildungsstand beider ab. Hier findet man teilweise auch sehr gut zusammenarbeitende Teams, da das Verhalten des Metall-Pferdes vorhersehbar ist und es einem Wasser-Reiter Sicherheit vermitteln kann. Die größten Probleme haben Pferde im Metall-Typ mit dem Feuer-Reiter. Das Feuer kontrolliert das Metall, was schon für das Metall-Pferd an sich ein Problem darstellt. Dazu kommt die Sprunghaftigkeit des Feuers, das ständig etwas Neues ausprobieren will und viel Abwechslung braucht. Es widerspricht komplett der Natur des Metalls, was beide am Ende meist sehr frustriert zurücklässt.

Beteiligte Meridiane

Lungenmeridian

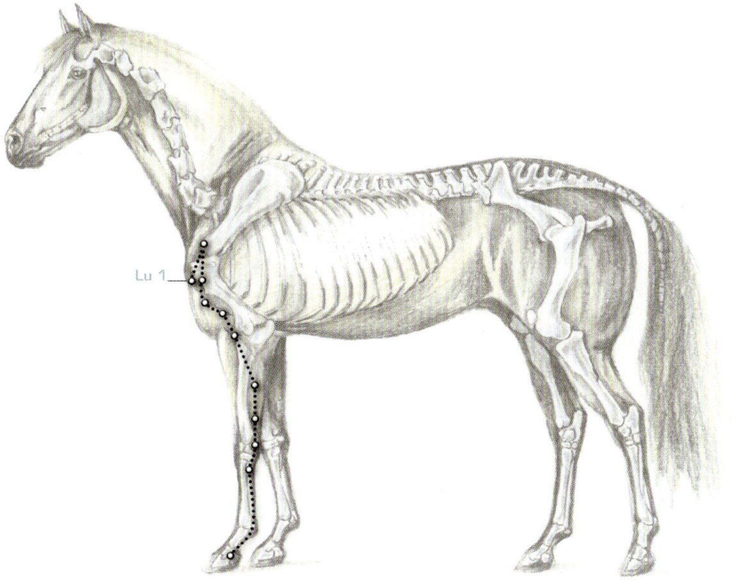

Dickdarmmeridian

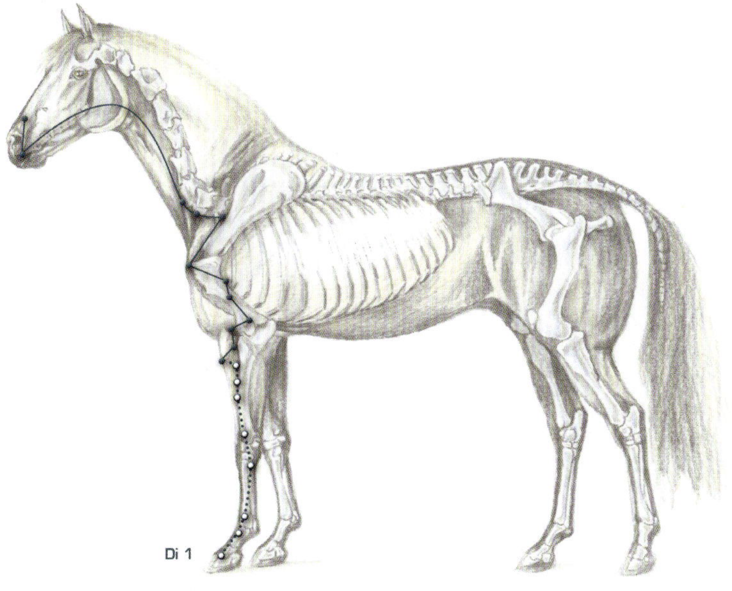

(Zeichnungen: Susanne Retsch-Amschler)

(Foto: Christiane Slawik)

Element Wasser (Shen)

Das Nieren-(Shen-)Pferd oder Der Angsthase

Aus dem Wasser kommt das Leben, im Wasser endet das Leben. Vorgeburtlich befindet sich das Fohlen im Element Wasser und im hohen Lebensalter finden wir das Pferd wieder in diesem Element. Während das Feuer das stärkste Yang-Element ist, versinnbildlicht das Wasser die reinste Form der Yin-Energie. Wo die Yang-Energiequalität heiß und trocken ist, ist die Yin-Qualität der Energie kühl, dunkel und feucht – all das finden wir im Element Wasser.

Das Element Wasser spielt im System der 5 Elemente eine zentrale Rolle. So wird auch den zugeordneten Nieren- und Blasenmeridianen besondere Wichtigkeit beigemessen. Der Blasenmeridian enthält dabei Akupunkturpunkte, die mit allen anderen Meridianen in direktem Kontakt stehen, die sogenannten Zustimmungspunkte. So kann man über die Behandlung des Blasenmeridians alle anderen Meridiane direkt mitbeeinflussen. Herz (Feuer, Yang) und Nieren (Wasser, Yin) bilden zusammen die tiefste und damit wichtigste Lebensachse. Darüber hinaus sind dem Element Wasser auch das Gehirn und das Rückenmark zugeordnet sowie die Geschlechtsorgane, die ebenfalls nicht nur für das eigene Überleben zentral bedeutsam sind, sondern auch für das Fortleben in den folgenden Generationen. Das erklärt auch, warum Kastrationen sich häufig so stark negativ auf die Nierenenergie auswirken.

Die Nieren sind nach der Chinesischen Medizin außerdem Speicher der Lebensenergie Jing. Diese wird dem Lebewesen von seinen Eltern mitgegeben und enthält somit auch die energetische Prägung aller Vorfahren dieses Individuums. In unserem westlichen Verständnis würden wir das als genetisches Erbe bezeichnen. Diese Lebensenergie wird einem Lebewesen für eine bestimmte Anzahl an Lebensjahren mitgegeben. Sie kann zu einem gewissen Maß wieder aufgefüllt werden durch Energie, die über Atmung oder Nahrung aufgenommen wird. Aber mit jedem Lebenstag verbraucht ein Lebewesen etwas Energie aus seiner Niere, sodass der Vorrat immer weniger wird. Ist er erschöpft, dann ist das Ende dieses Lebens gekommen. Je nachdem, wie viel Energie zum Beispiel in Stressphasen verbraucht beziehungsweise in Ruhephasen wieder aufgefüllt wird, verändert sich die Lebenserwartung eines Individuums. Nach der westlichen Medizin wissen wir mittlerweile, dass die Nieren mit am empfindlichsten auf Stress reagieren und es langfristig nicht nur zur Erschöpfung der ihnen zugeordneten Hormondrüsen Nebennieren kommt (die zum Beispiel das Stresshormon Cortisol ausschütten), sondern auch der Nierenfunktion selbst. Dauerstress macht niereninsuffizient, und das führt langfristig zum Tod. Die Chinesische Medizin weiß dies schon seit Jahrtausenden.

Stress wird aber nicht nur durch offensichtliche äußere Faktoren verursacht, sondern auch durch viele innere Ursachen. So gehört die Emotion Angst zum Element Wasser, und Angst wiederum löst eine Stressreaktion aus. Das bedeutet: Immer, wenn man Angst hat, wird die Nierenenergie geschwächt und man kommt damit dem Tod einen Schritt näher. Schaut man sich Pferde in niedrigen Rangpositionen in Gruppenhaltung an, wird schnell klar, warum diese Pferde alle früher oder später an Nierenproblemen leiden. Sie leben in einer Gruppe, in der sie ständig gemobbt und herumgejagd werden, in dauernder Angst, und das wiederum schadet ihrer Nierenenergie.

Wasser ist von Haus aus ein sehr flexibles und anpassungsfähiges Element, so wie sich Wasser jeder Form, in die man es hineingießt, anpassen kann. Gerät das Wasser-Element aus dem Gleichgewicht, hat es im Rahmen der 5 Elemente die größte Zerstörungskraft. So wie zu Eis erstarrtes Wasser in der Lage ist, selbst Steine oder Beton zu sprengen, kann die Energie des Wasser-Elements sehr zerstörerisch werden: das Feuer löschen, die Erde wegschwemmen, das Holz ertränken und das Metall auswaschen. Es ist daher von großer Bedeutung, das Wasser stets in der Balance und vor allem die Wasser-Energie am Fließen zu halten.

Körperliche Eigenschaften

Pferde im Wasser-Typ fallen in der Gruppe oft gar nicht auf – höchstens dadurch, dass man sie nicht wahrnimmt. Während ein Feuer-Pferd jeden Raum ausfüllt, wirken Wasser-Pferde oft so, als ob sie „gar nicht da" wären. Man muss zweimal schauen, um sicher zu sein, dass ein solches Pferd noch in der Gruppe steht und nicht abhandengekommen ist. Vom Äußeren her sehen sie weder besonders gut noch besonders schlecht aus. Körperlich sind es durchschnittliche, unauffällige Pferde.

Je mehr das Wasser jedoch aus dem Gleichgewicht gerät, desto deutlicher wird das in Haut, Haar und Hufen. Oft neigen sie dann zu dünnem Langhaar; Mähne und Schweif scheinen immer weniger zu werden. Auch das Winterfell ist oft eher schwach ausgebildet. Das, zusammen mit der ohnehin vorhandenen „inneren Kälte" durch das prägende Wasser-Element, sorgt dafür, dass sie im Winter – gerade bei nasskaltem „Yin-Wetter" – oft frösteln und dann zitternd auf dem Auslauf stehen. Auch wenn das Fell stumpf wird, wenn Mähne oder Schweif brüchig aussehen oder als ob die Spitzen „Spliss" hätten, und wenn es hier zum Ausbleichen oder zu Verfärbungen kommt, ist meist das Element Wasser beziehungsweise die Nierenenergie mitbeteiligt.

Wasser-Pferde haben oft eine kleine feste Zunge und schätzen es – ganz im Gegensatz zu Erde-Pferden – überhaupt nicht, wenn man

Die Angst des Wasser-Pferdes lässt sich leicht bändigen, wenn ein zuverlässiger Partner an seiner Seite ist. Gerade Ausritte in unbekanntem Gelände sollte man mit so einem Pferd nie alleine wagen. (Foto: Christiane Slawik)

diese anfasst. Sie neigen dazu, eine sehr kurze Maulspalte zu haben, was besonders beim korrekten Einschnallen des Gebisses oft zu Problemen führt. Die übliche „Zwei Fältchen über dem Maulwinkel"-Regel gilt hier nicht. Schnallt man das Gebiss so, liegt es zu weit vorn in der Lade und wirkt unruhig im Maul, was die Pferde noch nervöser werden lässt. Hier sollte man beim Anpassen der Trense unbedingt die Lippe anheben und den korrekten Sitz überprüfen. Wenn Wasser-Pferde wiehern, so klingt das oft hoch und fast fohlenhaft, auch wenn sie längst ausgewachsen sind. Die Ohren sind als Sinnesorgane dem Element Wasser zugeordnet. Ist das Wasser im Gleichgewicht, dann haben Pferde meist ein angeregtes Ohrenspiel, was auch einen zentralen Anteil der zwischenpferdischen Kommunikation ausmacht. Bei Störungen im Element Wasser kann man aber oft beobachten, dass dieses Ohrenspiel nachlässt, die Ohren oft nur noch nach hinten gedreht oder fast schon angelegt sind oder das Pferd im wahrsten Sinne des Wortes „die Ohren hängen lässt".

Pferde mit Störungen im Element Wasser wirken außerdem häufig so, als würde die

Ängstliche Wasser-Pferde lassen sich durch Gelassenheitstraining mit Planen gut trainieren. Das erfordert zwar Zeit und Geduld, erzeugt aber auch Selbstsicherheit.

(Foto: Lisa Kittler)

Hinterhand überhaupt nicht zur Vorderhand gehören. Diese Pferde „fallen auseinander" in der Bewegung, und entsprechend fällt es ihnen im Training schwer, die Hinterhand aktiv unterzusetzen. Besonders betroffen sind hier Wallache, da durch die Kastration sehr oft der Nierenmeridian zusätzlich gestört wird. Während der Magenmeridian vor allem der Versorger des Knies ist und Störungen dieses Meridians in der Regel dazu führen, dass die Pferde die Hinterbeine schleifen und an den Hinterhufen abgeschliffene Zehen haben, sind Pferde mit einer Schwäche im Wasser in der Lage, die Hinterbeine ausreichend zu heben, sie zeigen aber eine mangelnde Hankenbeugung und Lastaufnahme.

Charaktereigenschaften

Angst ist die Emotion, die zum Element Wasser gehört, und sie prägt das Wasser-Pferd. Bezwungen werden kann diese Angst durch das Denken, das der Erde zugeordnet ist (während das Analysieren zum Metall gehört). Pferde im Wasser-Typ wollen immer alles richtig und ihrem Reiter recht machen. Weniger für das Lob und die Bewunderung – wie ein Feuer-Pferd –, sondern vielmehr aus ihrer Angst vor Fehlern. Daher muss man sich als Reiter immer selbst zurückhalten, um solche Pferde nicht zu überfordern, da sie sich aus ihrer Unsicherheit heraus sehr für die Lektionen anbieten. Sie lernen leicht, sind aber gleichzeitig stets ängstlich und unsicher, vor allem, wenn sie etwas falsch machen. Bestrafung für Fehler ist dann kontraproduktiv. Anstatt sich mehr anzustrengen, verfallen die Pferde ihrer Angst, machen dadurch noch mehr Fehler und wissen schließlich überhaupt nicht mehr ein noch aus. Sie brauchen vor allem Ruhe und Sicherheit, ob im täglichen Umgang, im Training oder auf dem Ausritt.

Am besten fühlt sich das Wasser-Pferd, wenn es ein selbstsicheres Führpferd hat, an dem es sich orientieren kann. Ein Ausritt zusammen mit einem anderen Pferd ist gleich viel entspannter als allein. Auch der Mensch kann diese Position des selbstsicheren Chefs einnehmen. Da Wasser-Pferde aber von Haus aus erst mal recht misstrauisch sind, dauert es oft lange, bis man ihr Vertrauen gewonnen hat. Ist man aber an diesem Punkt, dann sind sie absolut loyal und folgen einem durch dick und dünn. Ein solches Wasser-Pferd wird seinem Menschen auch schon freudig entgegenwiehern, wenn dieser auf den Hof kommt, denn endlich ist der Beschützer wieder da, der sagt, wo es langgeht.

In der Gruppe sind Wasser-Pferde oft das letzte Ende der Rangordnung. Hat man keinen souveränen Herdenchef, der auch auf die Schwachen achtet, dann werden diese Pferde allzu oft von den Fress- und Schlafplätzen weggejagt und manchmal regelrecht gemobbt. Wasser-Pferde sind daher für Offenstallhaltung nur mäßig geeignet: nur wenn die Gruppenkonstellation passt und es möglichst wenig Veränderungen in der Herde gibt. In anderen Fällen sind sie meist sehr glücklich, wenn sie über Nacht in eine Box kommen, wo sie ihren eigenen Schlaf- und Fressplatz haben und zur Ruhe kommen können. Dann gelingt es ihnen auch besser, den Stress der Gruppe über Tag zu kompensieren, da sie nachts besser entspannen können. Wird ein solches Pferd Tag und Nacht in der Gruppe tyrannisiert, dann kann es sich in seine Unsicherheit so hineinsteigern, dass die Zusammenarbeit mehr als mühsam wird.

Wasser-Pferde profitieren sehr von allen Trainingsmethoden, in denen sie in ruhiger Atmosphäre fremde und beängstigende Dinge langsam kennenlernen können. Bei den heftigen

Viel Bodenarbeit hilft Wasser-Pferden, Vertrauen zu ihrem Menschen aufzubauen. Hat ein Wasser-Pferd einmal Vertrauen zu seinem Menschen aufgebaut, dann wird es ihm treu wie ein Hund überall hin folgen. (Foto: Christiane Slawik)

Reaktionen des Wasser-Pferdes kann man immer einen konkreten Grund für die Angst finden. Auch wenn sie in ihrem Grundtyp schon ängstlich sind, kann man ihre Reaktion immer an einem Gegenstand, einer Situation oder auch einer Person festmachen. Desensibilisierungstraining mit Planen, Flatterbändern, Regenschirmen und allem, was einem sonst noch einfällt, helfen dem Pferd, sich in der Welt ein klein wenig sicherer zu fühlen und zurechtzufinden. Je weniger Angst das Pferd hat, desto weniger Stress hat es, und langfristig kommt dies der Gesundheit sehr zugute.

Gesundheitsprobleme

Wasser-Pferde kommen mit feuchtkaltem Wetter überhaupt nicht zurecht. Sie sind selbst schon im Yin-Typ und fühlen sich daher bei Yang-Wetter, also am besten im Hochsommer, am wohlsten. Dem Element Wasser zugeordnet sind Knochen, Mark und Gelenke. Hier finden wir dann auch die häufigsten Probleme bei Pferden in diesem Typ. Sie neigen stark zu Arthrose, einer degenerativen Gelenkerkrankung, die charakterisiert ist durch einen schleichenden Verlauf und eine Verschlechterung der Symptome vor allem bei feuchtkaltem Wetter. Arthrose ist damit eine typische Yin-Erkrankung. Sobald es wieder warm und trocken ist, verschwinden die Symptome entsprechend oft fast vollständig, um beim nächsten Wettersturz wiederaufzutauchen.

Da Wasser-Pferde häufig nur ein schwaches Winterfell haben und insgesamt zum Frösteln neigen, sollte man auch vor diesem Aspekt eine Offenstallhaltung überdenken. Nur wenn gewährleistet ist, dass das Pferd wirklich in den Stall hinein- und dort trocken und vor Wind und Regen geschützt bleiben darf, sollte man diese Haltungsform wählen. Ansonsten ist eine Box – vor allem bei kaltem Regenwetter – vorzuziehen. Für den Aufenthalt draußen im Herbst und Winter sollte man dennoch immer eine Decke bereithalten und bei besonders betroffenen Kandidaten auch über die Anschaffung einer Keramikfaserdecke nachdenken, die die Infrarotabstrahlung des Gewebes reflektiert und dadurch zusätzlich wärmend wirkt. Die meisten Wasser-Pferde lieben diese Decken und fordern sie regelrecht ein.

In der Chinesischen Medizin heißt es: „Das Süße bezwingt das Salzige" – die Erde kontrolliert das Wasser. Durch ein Übermaß an Süß (wie man es in unseren Haltungsbedingungen leider häufig beobachtet) aufgrund geflockten Getreides, melassierten Müslis und ähnlich zuckerhaltigen „Süßspeisen", wird das Erde-Element zu sehr verstärkt, was nicht nur dieses Element aus der Balance bringt. In Folge kommt es zu einer übermäßigen Unterdrückung des Wasser-Elements, was völlig aus der Balance geraten kann. Nicht ohne Grund sehen wir viele dieser Pferde mit Lympheinlagerungen und Ödemen, bei denen das Wasser im Gewebe von Halskamm, an den Flanken und den Beinen versackt und als teigige Verdickung auffällig wird. Lymphversackungen sind fast immer die Folge einer gestörten Milz-/Pankreas-Nieren-Achse. Bei solchen Pferden sollte nicht nur dringend der Zucker in der Fütterung reduziert, sondern auch die Nierenfunktion angeregt werden, damit die Elemente wieder in die Balance kommen und die Lymphe wieder ausgelagert und über die Nieren ausgeschieden werden kann.

Leben Wasser-Pferde nicht nur durch ihr Element, sondern auch durch die Haltungsbedingungen oder den Umgang mit ihnen in ständiger Angst, so stehen sie dauerhaft unter Stress. Dieser sorgt dafür, dass das Immunsystem weitgehend unterdrückt wird. Die Folge davon ist häufig eine Neigung zu Infektionserkrankungen, die sich vor allem in Atemwegserkrankungen in jungen Jahren zeigen, die dann aufgrund des Stresslevels leicht chronifizieren können. Aber auch Hauterkrankungen sind oft vertreten, beispielsweise Pilzbefall, Haarlingsbefall oder Ekzeme. Nicht ohne Grund sagt der Volksmund: „Die Haut ist der Spiegel der Seele." Bleibt der körpereigene Cortisolspiegel über lange Zeit durch Dauerstress erhöht, können langfristig Insulinresistenz, Cushing-Symptomatik, Hufrehe und ähnliche Erkrankungen folgen. Auch das ist ein Grund, gerade bei Pferden im Wasser-Typ unbedingt auf Stressabbau und eine Optimierung der Haltung und des täglichen Umgangs zu setzen, weg von der Angst, hin zu Ruhe und Vertrauen.

Pferd-Reiter-Harmonie

Ein Wasser-Reiter, der selbst im Gleichgewicht ist, kann ein guter Reiter für ein Wasser-Pferd sein, weil er dessen Ängste und Reaktionen gut verstehen kann. Fatal ist aber ein Wasser-Reiter, der selbst nicht in der Balance ist, da sich hier die Angst des Reiters und die des Pferdes gegenseitig verstärken und ein solches Team ausgesprochen gefährlich werden kann. Metall-Reiter sind oft sehr gut für Wasser-Pferde geeignet, da sie durch häufiges Wiederholen der Lektionen Routine und damit Sicherheit vermitteln. Außerdem neigen sie dazu, die Ursachen für die Angstzustände zu analysieren und gezielt mit dem Pferd über Desensibilisierungstraining daran zu arbeiten. Erde-Reiter sind eigentlich die perfekten Reiter für ängstliche Wasser-Pferde. Die Erde bringt nichts so leicht aus der Ruhe und sie ist nicht nur das kontrollierende Element des Wassers, sondern ist auch in der Lage, ihm die Ruhe und Gelassenheit zu vermitteln, die ein solches Pferd so dringend braucht. Allerdings sind ängstliche Pferde manch einem Erde-Reiter selbst zu anstrengend.

Feuer-Reiter können manchmal sehr gut mit Wasser-Pferden harmonieren. Ihr Feuer wird durch das Wasser im Zaum gehalten und beide können sich gegenseitig balancieren. Darüber hinaus sind Feuer-Reiter oft extrem sensibel und spüren frühzeitig die Ängste in ihrem Pferd aufsteigen, sodass rechtzeitig gegengesteuert werden kann. Einzig die Sprunghaftigkeit eines Feuer-Reiters, heute das eine und morgen schon wieder etwas ganz anderes zu machen, kann für ein Wasser-Pferd, das eher Sicherheit und Routine braucht, oft anstrengend sein. Hier ist es wichtig, zuerst daran zu arbeiten, dass das Pferd seinem Reiter vertraut. Dann sind auch ständig neue Ideen und Lektionen kein so großes Angsthindernis mehr. Problematisch ist die Konstellation mit Holz-Reitern, da diese oft sehr ambitioniert und mit sich selbst beschäftigt sind. Sie haben weder Verständnis noch Geduld mit einem ängstlichen Pferd und neigen dazu, das Wasser-Pferd zu überfordern und mit ihren emotionalen Ausbrüchen auch zu verängstigen.

Nicht geeignet sind Wasser-Pferde für ängstliche und unsichere Anfängerreiter. Sie benötigen eine souveräne Führungspersönlichkeit, damit sie sich bei der Arbeit sicher fühlen. Ist der Reiter noch mit sich und seinen Ängsten beschäftigt, dann kann er sich nicht ausreichend darum kümmern, seinem Pferd Sicherheit zu vermitteln. Auch kann jede unsicher beziehungsweise unsauber gegebene Hilfe ein Wasser-Pferd schnell verunsichern und dann ängstlich werden lassen. Ungeeignet sind Wasser-Pferde für Reitschulen, denn es sorgt bei ihnen für erheblichen Stress, wenn jeden Tag ein anderer Reiter auf ihnen sitzt. Sie benötigen hier eine stabile Bezugsperson, auf die sie sich verlassen können.

Der Nierenmeridian wird häufig durch die Kastrationsnarbe erheblich gestört, was ein Leben lang zu Problemen im Energiehaushalt führen kann. Fühlt sich die Kastrationsnarbe kalt oder knotig an, sollte man sie dringend entstören. Unpassende Sättel sind eine der Hauptursachen für Blockierungen im Blasenmeridian.

(Zeichnungen: Susanne Retsch-Amschler)

Beteiligte Meridiane

Nierenmeridian

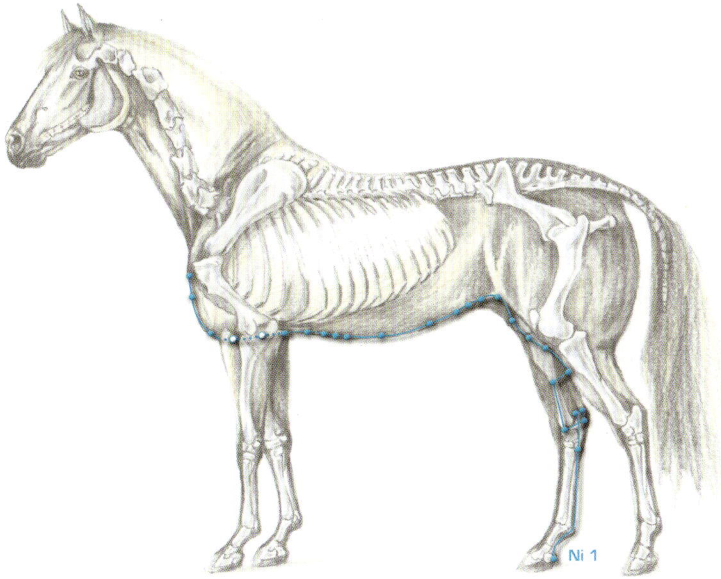

Blasenmeridian

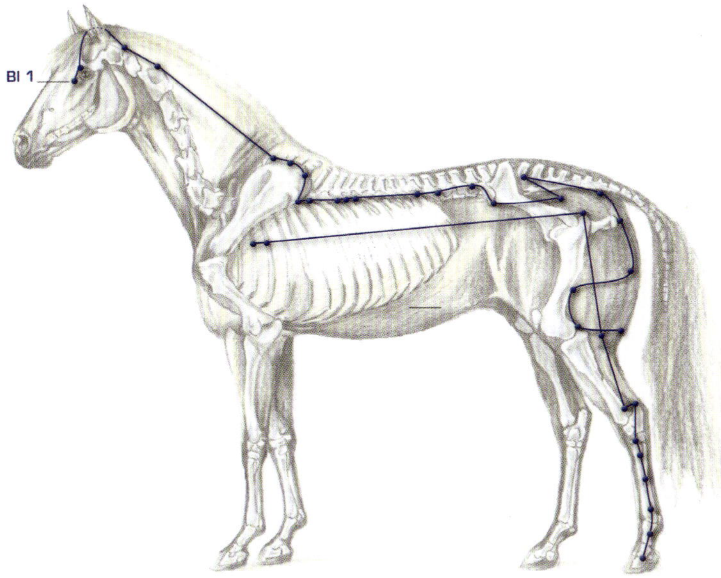

Fragebogen der 5 Elemente

1) Sie ziehen mit Ihrem Pferd in einen neuen Offenstall beziehungsweise integrieren es in eine neue Gruppe. Wie reagiert es üblicherweise?

Mein Pferd ist immer Herdenchef und klärt das innerhalb der ersten paar Tage, dann „rumpelt" es eben hier und da mal. (A)

Mein Pferd hat nie Probleme, sich zu integrieren, es kommt mit allen Pferden gut aus und geht den unsozialen einfach aus dem Weg. (B)

Mein Pferd geht Ärger meist aus dem Weg, außer es gibt Rangelei an der Futterraufe, da versteht es keinen Spaß. (C)

Mein Pferd leidet sehr, wenn es die Gruppe wechseln muss, und braucht recht lange, bis es in einer neuen Konstellation seinen Platz gefunden hat. (D)

Mein Pferd ist immer das letzte Glied in der Rangordnung und tut sich schwer mit jeder Gruppe und jedem Wechsel. (E)

2) Sie haben sich einen Hänger geliehen und wollen zum ersten Mal seit Langem Ihr Pferd verladen, um mit ihm zu einem Kurs zu fahren. Wie wird es reagieren?

Meist haben wir eine längere Diskussion um das Einsteigen, dabei weiß ich, dass er keine Angst vor dem Hänger hat. Es scheint so, als würde er mich austesten, ob ich das wirklich ernst mit dem Einsteigen meine. (A)

Schwer zu sagen, manchmal klappt es problemlos, und dann gibt es wieder Tage, wo er sich furchtbar aufregt und rumspinnt. Nur um dann vielleicht eine halbe Stunde später problemlos einzusteigen. (B)

Ich hänge vorher immer ein Heunetz/einen Futtereimer rein, dann klappt das problemlos und flott. Oder ich lege eine „Lockspur" aus Möhrenstücken, das geht auch gut. (C)

Wir haben noch nie Probleme mit dem Verladen gehabt, nachdem wir das ganz am Anfang einmal geübt haben. Hinstellen, Klappe auf, einsteigen, Klappe zu, losfahren. Und genauso geht das Aussteigen. (D)

Wenn es der vertraute Hänger ist oder sein Freund schon eingeladen ist, ist das kein Problem. Aber allein oder als Erster einsteigen ist immer sehr schwierig und mit fremdem Hänger erst recht. (E)

3) Sie legen sich einen Trainingsplan zurecht für die nächsten drei bis vier Wochen. Wie macht Ihrem Pferd das Training am meisten Spaß?

Am besten klappt es, wenn wir ein- bis zweimal Springtraining machen und drei- bis viermal die Woche ausreiten gehen, wobei wir auch mal richtig Gas geben auf den Galoppstrecken. Dazwischen Gymnastik und auch mal Zirkuslektionen, Clickertraining oder Freilaufen/Freispringen. (A)

Mein Pferd ist ein richtiger Clown; er liebt es, wenn wir Clickern oder Zirkuslektionen üben. Ausreiten macht ihm Spaß, hier und da mal ein bisschen Gymnastik oder Springen, Hauptsache, es ist viel Abwechslung drin, sonst wird ihm schnell langweilig. (B)

Wir haben einen recht festgelegten Rhythmus in der Woche, bestehend aus Gymnastik und Bodenarbeit, und am Wochenende und wenn ich Urlaub habe, machen wir lange Wanderritte. Zirkuslektionen haben wir mal probiert, aber er versucht dann vor allem, den Beutel mit den Leckerlis aufzufressen. (C)

Bei uns läuft es am besten, wenn wir unseren Plan fest einhalten: Montag bis Freitag gibt es jeden Abend Gymnastik, entweder unter dem Sattel oder an der Hand, am Samstag machen wir Doppellonge und am Sonntag gehen wir ausreiten. Wir haben Spaß daran, unsere Disziplin zu perfektionieren. (D)

Ausreiten kann ich immer nur, wenn jemand anders vom Stall mitkommt; allein neigt mein Pferd dazu, herumzutänzeln und durchzugehen. Bei Wind kann ich nicht in die Halle, weil das Dach dann komische Geräusche macht, das mag er nicht. Deshalb machen wir das jeden Tag spontan, wie es gerade geht. (E)

4) Ein besonderes Ereignis steht an und Sie verwenden besonders viel Zeit und Mühe darauf, Ihr Pferd „herauszuputzen" – wie reagiert es auf so etwas?

Er mag es vor allem, wenn ich mit dem Gummistriegel massierend putze. Der Rest ist ihm weitgehend egal, solange es nicht mehr als eine halbe Stunde dauert, dann wird er unwillig. (A)

Mein Pferd kann es stundenlang genießen, verwöhnt zu werden. Ob ich neue Mähnenfrisuren ausprobiere, Bänder einflechte oder neues, schickes Zubehör mitbringe – ich glaube, mein Pferd ist fast ein bisschen eitel. Es achtet auch drauf, sich nicht schmutzig zu machen. (B)

Putzen findet mein Pferd prima. Meist hänge ich ihm ein Heunetz an den Anbinder, und dann kann ich mich lange damit beschäftigen, bis jedes Haar richtig sitzt. Wenn ich ihn aber dann auf den Auslauf lasse, schmeißt er sich gern mit seinen schönen Zöpfen in den Dreck! (C)

Wir putzen immer nur die Sattellage und kratzen Hufe aus. Wenn ich viel länger brauche, wird mein Pferd unwirsch mit mir. Und so Glitzerkram geht gar nicht! Für das Turnier gibt's natürlich Zöpfe, aber mehr muss nicht sein. (D)

Gewaschen werden mag mein Pferd gar nicht. Ansonsten kann ich lange putzen und zöpfeln. Wir suchen uns meist eine ruhige Ecke, wo er die anderen noch sieht und ich ihn hübsch mache. Er rupft sich zwar die Dekoration bei nächster Gelegenheit runter, aber bis dahin kann ich alles mit ihm machen. (E)

5) Sie fahren in Urlaub und haben eine Reit- und Pflegebeteiligung engagiert, die sich in der Zwischenzeit um Ihr Pferd kümmern soll. Wie gut klappt das mit Ihrem Pferd?

Neue Reiter werden immer erst mal ausgetestet, was sie draufhaben. Meist klappt es am besten, wenn es totale Anfänger sind oder Reiter, die richtig gut was draufhaben. Alles dazwischen ist eher schwierig und er kann sich wie ein Verrückter aufführen! (A)

Mein Pferd kommt mit allen Leuten ganz gut aus, sofern sie eher ruhige, höfliche Menschen sind. Wenn jemand rumschreit oder grob ist, dreht es total durch. Ich brauche nur jemanden, der täglich kommt und sich kümmert, Training ist da nicht so wichtig, eher Beschäftigung und Ansprache. (B)

Meist ist mein Pferd ganz zufrieden, wenn es mal ein oder zwei Wochen nichts tun muss und nur auf der Weide oder an der Heuraufe rumstehen kann. Aber wenn jemand kommt, dann klappt das in der Regel gut, mein Pferd kommt mit fast allen Leuten gut aus. (C)

Mein Pferd hasst es, wenn ich in Urlaub fahre. Dann bekomme ich noch tagelang danach vorwurfsvolle Blicke. Wenn zwischendurch jemand zum Reiten kommt, dann macht es das zwar brav mit, aber nur ungnädig. Am besten geht es mit seiner festen Reitbeteiligung, die ist schon seit zehn Jahren bei uns. (D)

Bei fremden Leuten, die nur gelegentlich kommen, ist das manchmal schwierig, vor allem Reitanfänger machen ihn ganz nervös. Wenn es Leute sind, die er gut kennt und die auch sichere Reiter sind, dann geht das gut, vor allem solange sie in der gewohnten Umgebung bleiben. (E)

6) Welche Kurzcharakterisierung passt auf Ihr Pferd am besten?

Knackiger Sportlertyp, eher dominant. (A)

Elegant und voller Lebensfreude, manchmal auch albern. (B)

Gemütlich und verfressen. (C)

Klar, altklug und pedantisch. (D)

Unsicher, rangniedrig und eher ängstlich. (E)

Auswertung

Überwiegend Antwort A
Ihr Pferd gehört zum Holz-Typ: athletisch und ausdauernd, charakterlich recht dominant und nicht immer ganz einfach, aber stets mutig und voll bei der Sache. Seien Sie sportlich und suchen Sie gemeinsam die Herausforderung!

Überwiegend Antwort B
Sie gehören zu den glücklichen Besitzern eines Feuer-Pferdes: wunderschön und angenehm im täglichen Umgang, manchmal aber auch verrückt und unberechenbar. Pflegen Sie es gut!

Überwiegend Antwort C
Bei Ihnen im Stall steht ein Pferd im Erde-Typ: eine Lebensversicherung in jeder Situation und immer nett und freundlich, auch mit ängstlichen oder ungeduldigen Reitern. Sorgen Sie gut für Futter und Sie haben einen Freund fürs Leben!

Überwiegend Antwort D
Ihr Pferd ist ein Metall-Typ: ein kluger Professor, der jede Situation genau analysiert und sehr pedantisch auf die Einhaltung seiner gewohnten Routine pocht. Halten Sie Schritt, sonst ist Ihr Pferd am Ende schlauer als Sie!

Überwiegend Antwort E
Sie haben ein wunderbares Wasser-Pferd: bei Neuem stets etwas unsicher und ängstlich, dadurch nicht unproblematisch, aber eine treue Seele, die für ihren Partner auch mit schlotternden Knien durch dick und dünn geht. Seien Sie mutig und Ihr Pferd geht mit!

Register

Quellenangaben

Ina Gösmeier,
Akupressur für Pferde,
Kosmos Verlag, 1999

Carola Krokowski,
Akupunktur und Phytotherapie beim Pferd,
Enke Verlag, 2003

Lisbeth Traffelet,
Ausbildungsskript Akupressurmassage
beim Pferd, 2004

Klaus-Dieter Platsch,
Die fünf Wandlungsphasen,
Urban & Fischer Verlag, 2005

Carl-Hermann Hempen,
dtv Atlas Akupunktur,
Deutscher Taschenbuchverlag,
6. Auflage, 2004

Cathy Tindall,
Jaki Bell, Shiatsu für Pferde,
Cadmos Verlag, 2006

Christina Fritz,
Kinesiologie beim Pferd,
Sonntag Verlag,
2. Auflage, 2013

Leon Hammer,
Psychologie und Chinesische Medizin,
Joy Verlag, 2000

Christina Fritz,
Touch for Health,
Cadmos Verlag, 2010

ÜBER DIE AUTORIN

Dr. Christina Fritz hat Biologie studiert und in Tierphysiologie promoviert. Nach vielen Aus- und Weiterbildungen betreibt sie seit über zwölf Jahren eine Praxis für integrierte Pferdetherapie, in der sie von Osteopathie über Fütterung bis energetischem Heilen auf ganzheitliche Weise Pferde auf ihrem Weg in die Gesundheit unterstützt. Neben vielen Publikationen in verschiedenen Fachzeitschriften ist sie Autorin der Bücher: *Kinesiologie beim Pferd, Zivilisationskrankheiten des Pferdes, Touch for Health am Pferd, Die Anatomie des Pferdes* und *Pferde fit füttern*. Mit ihrem neuesten Werk will sie Pferdebesitzern und Reitern den Charakter ihrer Pferde auf verständliche Weise nahebringen, um die Kommunikation zwischen Mensch und Pferd zu fördern.

www.sanoanimal.de